世界で活躍する
パイロットを目指す君へ

コックピットの使命

谷口一貴
TANIGUCHI KAZUKI

幻冬舎MC

コックピットの使命

世界で活躍するパイロットを目指す君へ

はじめに

重力に逆らって大空へと舞い上がる機体、雲を抜ければどこまでも続く澄んだ空、視界を赤く染める夕暮れ、漆黒の闇に浮かぶ星と街の夜景——コックピットからの眺望はパイロットだけが見ることのできる特別な風景です。

また、リーダーシップを発揮してクルーをまとめ上げ、乗客全員を目的地へ安全に届けるというミッションをこなす達成感もパイロットならではの醍醐味です。仕事を通じて世界のさまざまな場所を訪れて現地の人々と交流できる点や社会的地位や収入が高いといった点もパイロットに憧れを抱く人が多い理由です。

多くの人はこうしたパイロットの魅力的な側面ばかりに目を向けがちですが、狭き門といわれている操縦士資格の取得以上に難しいのは、実はパイロットの仕事を続けていくことです。なんとか資格を取得できたとしても、ベストなフライトのためのコンディション管理や操縦技術の向上、キャリアアップのための勉強などを多忙で不規則な職務を日々こなしながら積み重ねていかねばならないためです。日々のプレッシャーから体力・気力に限界を来し退職する人は相当数に上り、その離職率は2～3割ともいわれています。

私は「世界に通用するパイロットの育成」を理念に掲げ、パイロットを目指す人たちを支援し養成するフライトスクールを運営しています。現在は訓練生を指導する立場ですが、もともとパイロットを志して単身渡米し、現地のフライトスクールで操縦士資格を取得しました。

このアメリカのフライトスクールでの経験は、私自身がパイロットとして活躍するのではなく、育成の世界に足を踏み入れようと思った大きなきっかけとなりました。現地で私はほかの訓練生や教官たちと関わるなかで、資質や適性に欠けているために心を病んでしまったり、事故につながったりした事例を多く見てきたのです。なぜなら操縦士である以上、たくさんの乗客の命を預かり、定められた時間どおりに安全に目的地にたどり着かねばなりません。天候の急激な変化や機器の予期せぬ不具合などの深刻なトラブルが生じた際も、的確かつ冷静な状況判断を下し、常に搭乗者全員の安全を最優先する決断力と危機対応能力が求められます。できるだけ揺れが少なく快適な飛行を保ち、燃料を節約できる航路をどのように選択するかなど、専門知識と経験に基づいた高度な判断力と操縦技術も必要です。こうした資質を備えるためには、フライトスクールで学ぶ訓練生のときからしっかりと指導者がパイロットとしての使命感をもつように教えていかねばなりません。安全な旅を常に遂行しなければならないため、そうした重い責任と緊張に押しつぶされるような使命感なきパイロットは生き残れない世界なのです。

私はそんなプレッシャーに耐えられる使命感を備えたプロのパイロットを日本から世界に輩出したい、自分の経験を通して優秀な人材を育て、途中で辞めることなく長く第一線で活躍できるパイロットが日本に増えてほしい――そんな思いからフライトスクールの立ち上げを決意しました。

パイロットは他者から憧れの対象とされたり、尊敬のまなざしを向けられたりする仕事です。だからこそ私は訓練生たちに専門知識や操縦技術だけを教えるのではなく、プロとしての使命感を備えたタフなパイロットになるために必要な「資質」とは何かを伝えることで、これまで多くのパイロットを世に送り出してきました。私のスクールから大空へと飛び立っていった生徒たちはみんな、どんな緊張や重圧にも負けない心身ともに頑強でプロ意識に秀でたパイロットばかりです。

本書では私が考えるパイロットならではの使命感とは何か、そして使命を果たすためにはどのような資質を身につけるべきかについて詳しくお伝えします。

この本がパイロットを目指す人の心の支えとなり、夢を実現する一助となれば、これに勝る喜びはありません。

目次

第2章

エアライン、レスキュー隊、ドクターヘリ……
パイロットが使命を果たす場所は幅広い

第3章

狭き門をくぐったあとの現実は甘くない!?

誇りなくしてパイロットの仕事は務まらない

2. [社会性]──094

第5章

パイロットの使命に終わりはない
コックピットは生涯を捧げるにふさわしい場所

第1章

命を預かる空の最高責任者——

コックピットに入るパイロットの使命

人類はずっと空飛ぶことを夢見てきた

古来、人類は空を飛ぶことに大きな憧れを抱いてきました。ギリシャ神話に登場する神ニケは翼をもった勝利の女神であり、フランスのルーブル美術館でミロのヴィーナスと双璧をなす至宝サモトラケのニケはこれをかたどったものです。空と神とは多くの文化で分かちがたく結びつけられており、憧れと畏れの対象でした。

ギリシャ神話にはイカロスの話も出てきます。王の怒りを買い、とらわれの身となったダイダロスとイカロスの親子は翼を付けて飛んで脱出することを考えます。ロウではり合わせた翼を付けたイカロスに、父のダイダロスは、太陽の熱で溶けてしまうからあまり高く飛んではいけないと言い聞かせました。しかし、空に飛び立ったイカロスは調子に乗って高く飛び過ぎ、太陽の熱で翼を留めていたロウが溶けて墜落してしまうという物語です。天上は神の領域であり、イカロスはその傲慢さのため神罰を受けたのでした。ただ、父に忠実だったはずの息子が戒めを忘れて夢中で舞い上がったほどの空への憧れと情熱が多くの人の共感を得たために、数あるギリシャ神話のエピソードのなかでも広く知られたものとして残っているのだと思います。

レオナルド・ダ・ヴィンチ（１４５２〜１５１９）は羽ばたき機やヘリコプターのスケッチを描き残しています。羽ばたき機のスケッチは鳥が飛ぶ仕組みをよく観察したうえで描かれており、芸術家、科学者、博物学者など多彩な才能で人々を驚かせた彼の創作物のなかでも、特に科学的側面の強い実現性の高い作品として評価されています。当時は翼に用いる適切な素材がなく実際に作ることはできなかったのですが、のちに技術が進んで素材の問題が解決されてからスケッチどおりの機械を作ったところ、空へ羽ばたくことはできないものの翼を広げて滑空できたといわれています。

１９０３年にアメリカのライト兄弟が初飛行を達成して以降、飛行技術は目覚ましい発展を遂げてきました。今は大気圏を越えて宇宙にも行ける時代です。こうした科学技術の進化も、古来の空を飛びたいという人類の憧れから生まれたものにほかなりません。自由に空を飛ぶ鳥を見て、あんなふうに気持ちよく飛ぶことができたらどんなにすてきだろうと考える人は今も多いはずです。

大人がなりたい職業はパイロットが3位

今から20年ほど前、少年たちの憧れの職業といえば医師、パイロット、スポーツ選手、警察官などが定番でした。いずれも格好良くて人から頼りにされ尊敬される職業です。努力した人しかなれないという特別感も憧れの理由だったと思います。昨今ではユーチューバーやプログラマー、ゲームクリエイターなどがランキングの上位に入ってきて、パイロットは残念ながら10位圏外となってしまいました。生まれたときからＩＴが身近にあるZ世代やα世代の若者らしい夢です。

しかし、２０２２年にサントリー食品インターナショナルが30〜60代の働く男女を対象に「もしもどんな職業にもなれるならなりたい職業」を尋ねたところ、１位の医師、２位の社長・起業家に次いでパイロットは3位になっています。パイロットになりたい理由としては憧れや、子どもの頃からなりたかったなどという声が多く上がりました。今でもパイロットが根強い人気の職業であることには変わりありません(「働く人の相棒『ＢＯＳＳ』発売30周年働く人の意識調査」２０２２)。

パイロットに憧れるきっかけとしては、子どもの頃に航空業界を舞台にした人気ドラマやドキュメンタリー番組を見たり、ライト兄弟の伝記やサン＝テグジュペリの名作『夜間飛行』を読んだりして感動した人が多いようです。自衛隊の航空ショーでブルーインパルスの格好良さに惚れ込んだ人や、博物館で飛行機を見て好きになった人などもいるでしょうし、私のように親が航空業界で働いていて、自然と憧れたという人もいると思います。

パイロットは年収や社会的地位が高いだけでなく、空を飛ぶというほかの職業にはないロマンを感じられます。乗客やクルーに安全な空の旅を提供する使命感や、無事にミッションを終えたときに味わえる達成感もあります。パイロットという職業は、なるためのハードルが高い分、夢をつかんだことで得られる魅力も大きいのです。

コックピットは最高のファーストクラス

上空３万３０００フィート（約１万ｍ）を飛ぶジェット機、そのコックピットから見る圧巻の景色を味わえる感動は、ほかの職業では得られない特別な経験です。コックピットは、多くの人が写真や映像でしか知らない景色を独り占めしているかのような気持ちになれる、パイロットのための特等席なのです。人類が紡いできた技術の粋を集めた鉄の塊を、自分の意思と腕で自在に操る最高の特権は、たとえファーストクラスに乗っているお金持ちが大金を積んだとしても簡単に譲ることはできません。

私が自分史上最高と思っているコックピットからの景色は、カリフォルニアの砂漠の夜景です。私は22歳のときアメリカのカリフォルニアに単身で渡り、現地のフライトスクールで操縦士資格を取りました。訓練の最終段階であるソロフライト（教官の同乗なしに一人で飛行機を操縦すること）に進むと、自分で行き先を決めて飛ぶことができるようになります。夜間のソロフライト訓練ではほとんどの訓練生はロサンゼルスの街中へ行くコースを選んでいました。日暮れとともに街の明かりがキラキラ輝くのを見たいためです。

しかし、私はあえてロスの街並みを背にして砂漠へのコースを選びました。飛行時間を延ばしたかったことと、ほかの人が行かない場所へ行って自分だけの経験をしたかったからです。

空港を離陸して40分ほど飛ぶと、眼前に見渡す限りの地平線が現れ、後ろを振り向くと街の明かりがぐんぐん小さくなっていきます。世界から切り離されたような静けさ、ここで何かトラブルがあっても誰も助けに来られない孤独と恐怖、誰も私のことを知らない解放感、世界を独り占めしたかのような陶酔……さまざまな感情が交錯します。そんななか砂漠の中にポツンと小さな明かりが見えて、目を凝らすと1台の小型自動車らしき影が見えました。地の果てで仲間を見つけたような、不思議とホッとする瞬間でした。

さらに日が暮れてくると空に星が瞬き始め、天の川が姿を現します。日本でも山頂から天の川を見られる登山コースがありますが、砂漠ではスケール感がまったく違います。

砂漠の空で見る天の川は、まるで空が割れて星の塊がこぼれ落ちてきたかと思うほどダイナミックであり、ドラマチックでした。湿度20％未満で空気が澄みきっているうえに、周りに街もないため漆黒の闇なので、天の川がくっきり手に取るように見えるのです。私はあまりの美しさに息を呑み、同時に宇宙のものすごい大きさと自分自身がいかに小さいかを実感したのです。

神秘、荘厳、奇跡、雄大……最上級の装飾語を並べても追いつかないくらいの感動が、夜の砂漠飛行にはありました。この感動は厳しい訓練を乗り越え、ソロフライトにたどり着いた者でないと絶対に手に入らないものです。

地球の大きさ、美しさを実感するとき、私は心の底から生かされていることに感謝を覚え、人間はちっぽけだが、まだまだやれるのだと実感し、やりたいことをやってやるというパワーが湧いてくるのです。

飛行機は筆記の発明以来最大の文化的な力

パイロットの魅力として、景色や大空を舞う自由のほかに、国境を越えて世界のさまざまな場所や人々と接点をもてることが挙げられます。世界各地を飛び回り海外と接点をもてるというのは、客室乗務員の定番の志望理由なのですが、空を飛ぶ職業共通の憧れだといえます。若い世代より大人のほうがパイロットへの憧れが強い理由の一つには、彼らが幼い頃には今よりもまだ海外のいろいろなことが日本で紹介されておらず、テレビ番組などを通して断片的に見ていた、海外という未知の世界への憧れが強く印象づけられていることもあると思います。私も子どもの頃、将来は客室乗務員になって世界中のおいしいものを食べ歩きたいという女の子が周りに結構いたのを覚えています。今では、たいていのものは日本でも食べられるし、そのほうが口に合うなどとは、当時は誰も考えていませんでした。

では今は若い人にとって海外は何の魅力もないのかというと、決してそんなことはありません。私自身はアメリカでの経験が多いのですが、異文化での経験や人とのコミュニケーションは自分を成長させ、また人生にいろどりを与えてくれるものです。

単に珍しいものに触れたり知らなかったことを知ったりということだけではなく、日本とは違う考え方、受け取り方があることを肌で感じて、それに対応していく自分の強さや寛容さが育まれ、視野が広がって人間として磨かれました。また、日本人からすると奇異に思えることでも、その違いには歴史的あるいは地理的背景があることを理解すると、逆に自分の国で当たり前になっていることに対してもいろいろな角度から考えて見直すことができるようになります。こうした経験は、私の場合、日本で勉強をしているだけでは得られなかっただろうと思っています。

世界を知ることは、自分の育った国や文化を再評価し、誇りをもつことにもつながるのです。おそらくこれは私個人の特殊な感覚ではなく、世界中の、そして歴史を通して異文化と接点をもってきた多くの人たちが実感してきたことであり、それを通して人類は結びつき、今の世界を築いてきたのです。

飛行機は、異なる文化背景を担う人々が互いに出会い、時に争い、時に手を取り合って徐々にまとまってきた歴史の懸け橋となったものの一つだといえます。そして、それに乗って世界を飛び回り、異文化との接点で活躍するパイロットという職業は、ある意味では人類を結びつける代表者の一人ともいえるのです。

マイクロソフト社の創業者である実業家、ビル・ゲイツは、TIME誌の記事のなかでライト兄弟の発明は筆記以来最大の文化的な力であり、最初のワールドワイドウェブ（インターネット）だと、その功績をたたえています（TIME誌「ニュースレターへの寄稿」1993年）。飛行機という発明こそが、人間、言語、思想、価値観をつなげ、人類を一つに結びつけてきたのです。

目指せ1万時間！　総飛行時間がパイロットの履歴書

サン＝テグジュペリの『夜間飛行』以来の名作と評される、マーク・ヴァンホーナッカー著の『グッド・フライト、グッド・ナイト　パイロットが誘う最高の空旅』という本があります。マークはボーイング747を操縦して世界中を飛び回る現役パイロットで、本には彼の目から見た空や飛行機のすばらしさが詩的な文章でつづられています。私が特に共感した一節が「私にとってパイロットに勝る職業などない。地上に、空の時間と交換してもいいような時間があるとは思えない」というもので、パイロットとしての誇りと情熱が伝わってきます。パイロットはただ飛行機を操縦して人や荷物を運ぶ仕事ではありません。

美しい景色を見るだけが喜びでもありません。

パイロットには安全に目的地まで航行する使命があります。そのために操縦技術を鍛え、人間性を高め、クルーたちとのチームワークを高めるという任務があるのです。


飛行機の操縦技術を鍛えるには、やはり実践がいちばんです。自動車でも長年運転していると上手になっていくもので、免許取りたての頃は前を見てハンドル操作するので精いっぱいだったのが、そのうち慣れてくるとほかの車や歩行者に気を配る余裕ができ、安全運転ができるようになります。車のクセも分かってくると省エネで走ることができたり、快適にドライブができたりするようになります。また、いろいろな車種に乗ることで技術の幅も広がっていきます。同じように、飛行機もフライトの回数や時間を重ねることで少しずつ上達していくのです。

訓練で初めて操縦すると、ほとんどの人はパニックになります。座学やシミュレーターで勉強してきたことと、実機を操縦して空を飛ぶこととの間には大きな隔たりがあるからです。飛行機のスピードは乗用車などよりはるかに速いですし、離陸するときの地球の重力（重力加速度）や操縦桿《かん》に伝わる振動、空中に浮いている感覚などが一気に襲ってきて、楽しむ余裕などいっさいありません。

地上を走る乗り物は地面に接している安心感がありますが、飛行機の場合は下に何もありません。操縦に失敗したら墜落で、一巻の終わりです。道路や線路のように進むべきコースが目に見えません。頭のなかは真っ白なのに隣にいる教官がどんどん指示を出してくるので、余計に焦ってしまうのです。指示どおりに反応できるかチェックされていると思うと、さらにガチガチに緊張します。

私は父が飛行機の整備士で、趣味で小型機の操縦もしていた関係で、子どもの頃から何度も同乗する機会に恵まれました。操縦席に乗せてもらったことも多く、空を飛ぶ感覚やコックピットからの眺めにも親しみがあって初フライトは比較的余裕があったほうですが、それでも緊張はしました。私は自信家なところがあり、訓練生の頃から自分は世界一操縦がうまいと思っていたので、表面的には平静を装っていたものの、経験豊富な教官には内心の緊張ぶりが見破られていたに違いありません。

5～10時間くらいフライトを経験すると、少しずつ冷静になって周りを見る余裕が出てきます。訓練生がフライトを楽しいと思えるのはこの頃からかと思います。訓練を重ねるほどに操縦が安定して、離着陸もスムーズにできるようになっていきます。
ある程度の操縦技術が身についたら、いよいよ教官なしで飛ぶソロフライトの瞬間です。ソロフライトができればライセンス（資格）取得が一気に現実味をもつので、訓練生はここを目標にしています。

ソロフライトに進めるか否かの判断基準は技術的に優れているかどうかではありません。教官が見ているのは、その人の人間性です。一人で飛ぶ勇気があるか、危険を冒さない安全意識や慎重さがあるか、不測の事態が起こった場合への対応能力があるかを重要視しています。操縦技術はどの訓練生もそんなに差はなく、むしろそういった人間性に大きな差が出やすいのです。

訓練中は天候や時間帯、地形や地物などの視覚的な目標物に頼らずに、コックピット内の計器の判読だけで飛行する計器飛行など、いろいろな条件下で飛行して経験を増やしていきます。わざと天候の良くない日に飛んで、雨や風のなかで操縦桿《かん》をコントロールする感覚をつかんだり、夜間や早朝に飛んだりもします。天気が悪いと視界が悪くなり、いつもは見えている地上の目印が見えなかったりして勝手が違います。仕事で飛ぶとなれば晴れた日ばかりを選んでいられないので、いろいろな条件下での感覚を知っておくことが大事になります。

私も一度、ソロフライト中に予測しない悪天候に見舞われたことがありますが、まさに地獄の時間でした。昼間なのに突然空が夜のように暗くなったかと思うと、1秒前まで何もなかった眼前にドッと水柱のように現れた豪雨に見舞われたのです。耳をつんざくような雷鳴とともに稲光が縦横に何本も走り、機体にビンビン響きます。急きょUターンして引き返したのですが、その後ろから雨柱が猛スピードで追い掛けてきてたいへん恐怖を感じました。気を抜くと前後左右も分からなくなりそうで、必死に計器を確認したのを覚えています。冗談抜きで人間はこうやってあっけなく死ぬのかと感じ、とても人間は自然に勝てないと思ったものです。

飛行機には道路も標識もないので方向感覚がつかみにくく上下や前後、左右の感覚も分からなくなることがあるのです。ベテランのパイロットでも自分の飛行機がどちらを向いて飛んでいるのか見失い、機体を仰向けにしたまま高速で山に突っ込んでいく事故などが起こっています。飛行機が上を向いているか下を向いているか、左に旋回しているか右に曲がっているかなどすらつかみづらいことがあるのです。それが空という空間の特性で、パイロットでも制御が難しい感覚だと思います。

こうした事故を防ぐために、計器飛行のトレーニングもやります。目隠しをして飛ぶのと似ていて高度な集中力とテクニックを要します。

養成所のカリキュラムにもよりますが、だいたい60時間くらい飛行訓練をするとひととおりの操縦技術を身につけることができ、最終試験に合格すれば晴れてライセンス取得となり卒業です。

養成所を卒業したあとも技術の向上は必要です。いろいろな機種やいろいろな条件下での経験を積むことで、プロからエキスパートへ、さらにスペシャリストへと上達していくのです。

パイロットの世界では総飛行時間が履歴書のような役割を果たします。パイロットは各自が航空日誌（フライトログ）を常に持っており、乗務するたびに飛行時間や機種・型式などを記録していくことになっています。このフライトログがパイロットの経験値の証明になります。特に、何時間飛んだかがものをいいます。

パイロット同士では総飛行時間でキャリアを認識し合うという業界ルールがあり、35歳で4000時間の人と、45歳で2000時間の人がいれば、年齢が若くても長時間の人が機長を務めることになります。だから、パイロットはみんな、どれだけ飛行時間を増やせるかをモチベーションにしています。仕事のない休日にレンタル飛行機を借りて飛行時間を稼いだり、海外のほうが飛行機を借りる料金が安いので、長期休みに旅行を兼ねて海外に行き、現地でフライトを楽しんだりする人もいます。

エアラインの機長になるには最低1500時間をクリアしていないと資格や等級を取得できません。仮に飛行時間をごまかして多めに記録してもたいていはバレます。飛行時間に見合う技術がないことはプロの目で見ればすぐに分かることだからです。

ベテランと呼ばれる域になるためには1万時間がラインになります。エアラインのパイロットの年間飛行時間は、1000時間が上限にされているため、1万時間の飛行時間の経験を積むとすると最短でも10年掛かる計算になります。

しかし国内には総飛行時間が2万5000時間を超えるパイロットもいます。毎日のように空を飛んでいる航空大学校の教官でさえ2万時間を超える人はほとんどいないといわれていますから、いかにすごいかが分かります。

最初に掲げる目標として2万5000時間はさすがに高過ぎるかと思いますが、パイロットになるからには1万時間を目指して励みたいものです。

機長は空の最高責任者　だから高い人間性が求められる

パイロットは操縦技術が優れていればよいかといえばそれだけでは不十分です。パイロットは乗員乗客すべての命を背負って飛んでおり、機内では強い権限があります。特に機長は乗員の最高責任者・管理者として、あらゆることを予測し、飛行機を安全に操縦しなければなりません。上空の機内で客室乗務員が乗客に対して十分な保安とサービスを果たせるよう、的確な指示を出すことが求められます。

天候による揺れが予想される場合はフライト前のミーティングでそれについて確認します。離陸後何分まで揺れが予想されるのか、そのあと雲を抜けて安定してから機内サービスを始めてほしいなど、具体的で明確な指示を出すことが必要です。

飛行機の整備上の理由や急病人の発生、天候不良など目的地への飛行継続が不可能となった場合、上空で待機するのか到着地を変更するのかUターンで引き返すのかといった判断を下すのも機長です。

機長による判断は機内では絶対的な力をもつので、ほかの乗員たちは機長に従わねばなりません。仮に機長の判断が間違っていたとしても、乗員たちは機長の指示どおりに動くことになるのです。

機長が機内で絶対的な権限を与えられている理由は、究極の選択を迫られたときのためです。権限を複数人に与えてしまうと決断スピードが遅くなってしまいます。フライト中のトラブルは1秒が命運を分けますから、判断の遅れは本当の意味で命取りになりかねません。権限者を機長のみにすることで早い決断を可能にすることができるのです。

機長の権限は乗員乗客の運命を左右するだけの力があるということです。だからこそ、その力を正しく発揮しなければなりません。

正しく力を使うために必要なのが豊富な知識と経験、迅速かつ冷静な判断力、強い精神力などの人間性です。最終決定者としての責任を負う覚悟や、任務をやりきる使命感も欠かせません。もし副機長が間違った指示を出してしまった場合でも、機長の責任として引き受け、最後まで投げ出さずに背負いきらねばならないからです。

飛行機操縦の知識と経験に富み、長年にわたって安全運航に寄与してきた実績をもつ機長をグレートキャプテンと呼びます。そんなグレートキャプテンと呼ばれる人たちのなかでも、一流の人間性を備えた人はごく一部です。

空を愛する同僚たちとのチームワーク　一期一会の出会いも

航空会社にはそれぞれマニュアルがあるものの、機長と副機長は基本的に同じペアでずっと飛ぶわけではありません。

フライトの際に機長と副機長を含むほとんどのクルーが初対面同士というところもあるようです。約20人の見知らぬ同僚が一丸となって、大勢の乗客の命を預かり、快適な空の旅のために働くと考えると、まさに一期一会のフライトです。

初めて同士でも空を愛しているという気持ちは同じであり、プロとしての使命感をもっている同士なら、互いの立場を尊重してスムーズに動けるものです。

パイロットはチームの一員、リーダーとしてほかのスタッフと協力しながら働いているのです。安全なフライトはパイロット一人では成り立ちません。ほかのメンバーがいてくれて初めて使命をまっとうできることに気づいたとき、パイロットの仕事はさらに奥行きが出て面白くなります。

第2章

エアライン、レスキュー隊、ドクターヘリ……

パイロットが使命を果たす場所は幅広い

エアラインだけではないパイロットの活躍の場

航空機はいまや私たちの生活になくてはならない身近な存在です。人や物資を運んだり、上空からの調査・観測、遊覧などを行ったり、軍事目的だったりとその役割は実に幅広いものがあります。

ところが、パイロットを目指す人たちに、どんな飛行機を操縦したいかと聞くと、ほとんどの人が旅客機と答えます。

日本では、パイロット＝エアラインの機長というイメージが強いため、ほかの飛行機にあまり目が向かないのだと思いますが、世界中のさまざまなパイロットを見てきた私からすると、自らの職業選択の幅やパイロットとしての可能性を狭めているようで少しもったいない気がします。もっと広い視野で航空業界を見渡せば、エアライン以外の飛行機の魅力が分かってくると思います。最初はエアライン志望で入ってきた訓練生が、勉強するうちに、小型機は個性があって面白そうだと進路変更をしていくケースが結構あります。

主なパイロットの就職先についてざっと挙げてみます。

・航空会社……国内線・国際線の旅客機や貨物機などのパイロット（大型機が中心）
・航空機使用事業会社……遊覧飛行、チャーター飛行、物資輸送、測量飛行、報道取材、ドクターヘリなどのパイロット。パイロット育成機関の教官など（小型機やヘリコプターが中心）
・官公庁……自衛隊、海上保安庁、警視庁、警察航空隊、消防庁、各自治体の消防航空隊などのパイロット（ドクターヘリや災害レスキュー、戦闘機など特殊な機種になる）

現役を引退した元パイロットの転職先としては、パイロット志願者を支援するエージェント、コンサルタントなどがあります。

世界にはユニークな職場がたくさんある

航空機使用事業会社には、離島と離島を結ぶ小型機や、セレブ御用達の高級チャーター機のほか、広告宣伝のための空中放送、害虫やネズミ駆除のための薬剤散布など、ユニークな事業を展開している会社が世界中にあります。

私が個人的に面白いなと思ったのは、アメリカなどで高圧線に木が引っ掛からないように伐採するヘリコプターです。ヘリコプターから5〜10ｍの巨大なチェーンソーをぶら下げて、高圧線の横に生えている木の枝を切っていくのです。日本ならせいぜい数㎞程度の範囲なので人力でも可能ですが、アメリカなどは国土のスケールが違うためそれでは追いつきません。人がなかなか立ち入れないような山奥のダムまで電力を供給するために、何十㎞も高圧線を張るのです。山あり谷ありの広大なエリアを上空から豪快に伐採している様子を見て、さすがアメリカだなと思いました。

ヒノキなどの高級木材を山から街に運ぶためにヘリコプターにつるして飛ぶところを見たことがあります。砂漠に生息するカメにＧＰＳを装着して、1日にどれくらい移動するのか、繁殖時はどこに行くのかなどをヘリコプターで追っている研究者もいました。

アフリカでは動物レスキューのヘリコプターが活躍しています。サイなどの大型の野生動物は、トラックで運ぶと内臓が自重で圧迫されて死んでしまうことがあり、仰向けにしてヘリコプターでつり下げたほうが安全に運搬できるのだそうです。

今はエアラインに憧れている人も、それ以外の事業を知ることで新たな選択肢が加わることもあります。航空機を使った事業にどんなものがあるのか、自分で調べてみると面白い発見があると思います。

エアラインはパイロットとしての現役が意外に短い⁉

現役パイロットとして第一線で働ける期間でいうと、エアラインは思いのほか寿命が短い傾向にあります。長時間フライトの仕事なので体力的なピークが40代半ばあたりで早めに来てしまうことと、どんどん若い人材が入ってきて世代交代が行われるためです。

エアライン一筋で来た人が定年退職したあとに転職を考えたときに、つぶしが利かないというのも業界ではよくいわれます。自社の航空機しか操縦してこなかったので、他機種への応用が利きにくい点がネックになるのです。

その点でいうと、測量やチャーター機などニッチな職場を経験してきた人のほうが業界からのニーズも高いので転職もしやすく、パイロットとして長く働けるケースが多いです。それこそ健康で認知能力もしっかりしていれば70代でも現役で働くことができます。

昨今はコロナ禍でエアラインの業績不振が続き、パイロットの新規採用が停止したり、パイロットの離職が増えたりしていますが、一方で物流関係は活況です。いわゆる巣ごもり消費で通販利用が増え、全国的に配送量が増えたことや、個人間で物の売り買いをするフリマが人気になっていることなどが理由です。

私はロックダウン後も海外に出張で何度も行っていますが、貨物輸送機がひっきりなしに飛んでいます。現地の人に聞くと、貨物用の飛行機が足りなくて困っていると言っていました。海外は日本よりインフラの届かない僻地が多いので、ただでさえ貨物輸送のニーズが高いのです。そこに、ネット販売などが増えたことで深刻なパイロット不足、航空機不足が起きているということでした。

今後も世界で物流の活況は続くと見られているので、航空輸送機のパイロットは引く手あまたになりそうです。

パイロットの花形　エアラインパイロットの年収は？

パイロットという職業の魅力の一つに年収の高さがあります。2021年度の、ある大手航空会社のパイロットの初任給は大卒の場合で月額21万9444円（試用期間中は21万7500円）でした。年収にすると、20〜24歳で346万円（令和3年賃金構造基本

【図１】パイロットの年収（年齢別）

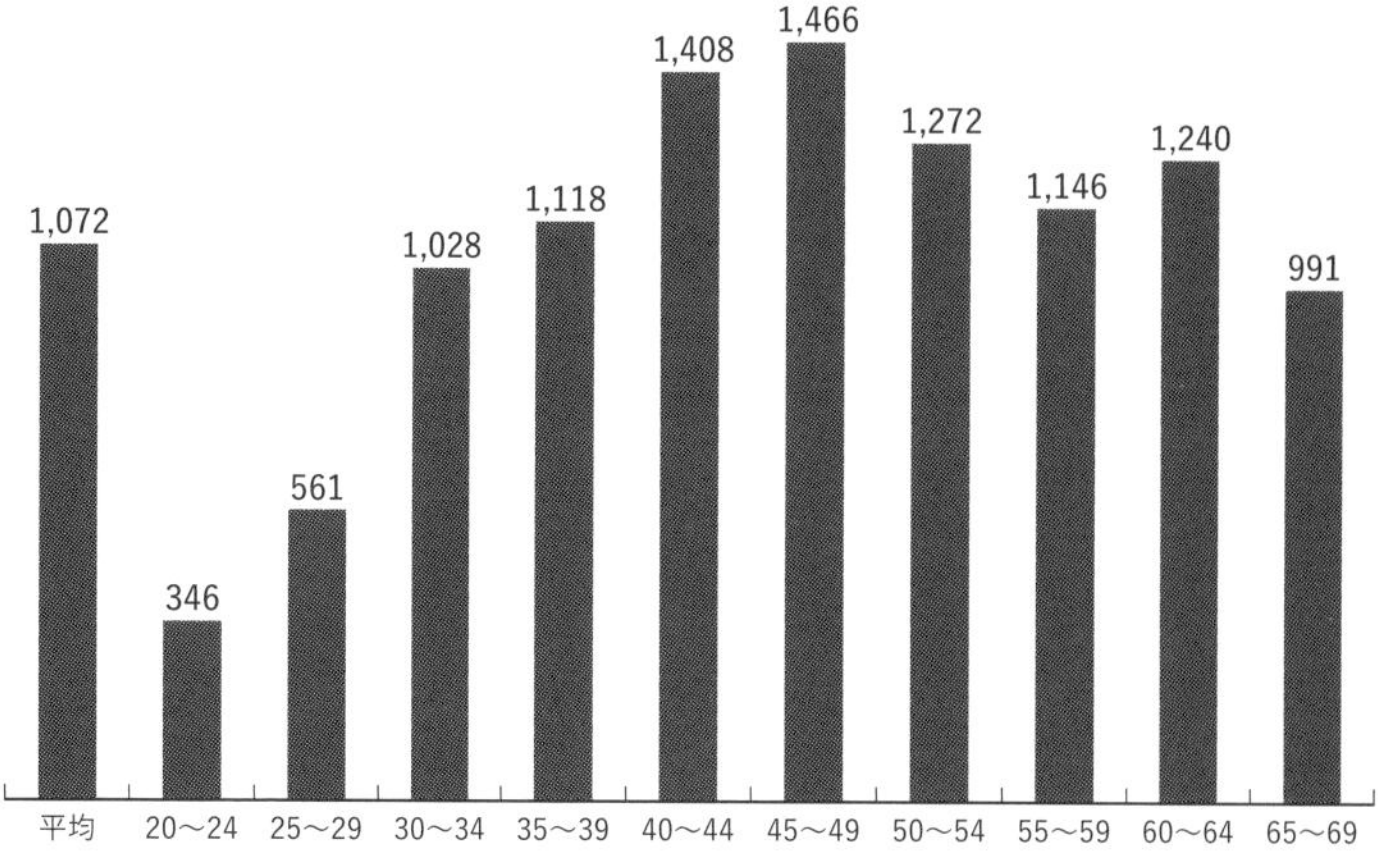

出典：パイロットの年代別平均年収（厚生労働省「令和３年賃金構造基本統計調査」）

統計調査）です。同条件での全職種平均年収が２２９万円なので、この時点ですでに高収入だといえます。

副機長を担うようになる30代では年収１０００～１１２０万円、パイロットの最高位である機長になると年収は２０００万円ほどになります。40歳医師の平均年収は２０１９年の賃金構造基本統計調査で１１６９万円と推計されていますから、エアラインパイロットの年収がいかに高いかが分かります。

エアライン以外の会社も含めたパイロットの年収はというと、全年代の平均は１０７２万円で、年齢とともに上がっていき、ピーク時（45〜49歳）は1466万円となっています。

できる人が限られていて、なかなか交代できない重要な仕事であることや、就職するまでの道のりがハードなこと、精神的・肉体的な負担が重く働き続けるのが大変な仕事であることなどを考えると、これくらいは当たり前だと感じられるかと思います。

しかし、昔は副機長でも1500万円、機長は3000〜4000万円が普通という時代もあったので、それと比べると少なく感じてしまいます。

海外に目を向けると、今でも5000万円以上もらっているパイロットが少なくありません。日本と違いアメリカのように実力主義の国では年収の上限がなく、能力やキャリアがあればどこまでも高収入が目指せます。

パイロットは小型機に始まり、小型機に終わる

数ある航空機のなかで旅客機は確かに花形的存在ではあるのですが、本当に飛行機が好きなパイロットは意外に小型機を好む人が多いです。大手エアラインで働いていたパイロットが退職して、小さな航空機使用事業会社に転職するケースは少なくありません。そ

ういうパイロットたちが口をそろえて言うのは、小型機は操縦している実感があるということです。

エアラインの大型機は自動操縦が多く、飛行中にパイロットが操作することはそんなに多くありません。離陸こそ手動ですが、飛行中も着陸も自動操縦（オートパイロット）を用いるため、自分の手で動かしたい、自分の能力を実感したいという人には退屈に感じられてしまうのです。その点、小型機はマニュアルの機種が多く、自分で考えて操縦するという醍醐味が味わえます。

フライトスクールの訓練は世界中どこもマニュアルの小型機で行われています。操縦のすべての基礎・本質は小型機にあるからです。小型機の操縦ができればほかの機種はその応用なので、少し練習すれば操縦できるようになります。

世間一般では科学技術の粋を集めたエアラインが格好良く見え、人気が集まりがちですが、プロの世界ではちょっと事情が違うということを、これからパイロットを目指す人は知っておくとよいと思います。小型機の世界にはエキスパート、スペシャリスト、伝説といわれるパイロットがたくさんいます。むしろ究めたパイロットほど、小型機が面白いし、小型機にこそ本質があるというものです。そういう意味で、パイロットは小型機に始まり、小型機に終わるといっても過言ではありません。

つまり、最初の訓練生の時期がとても大事だということです。訓練生としてのスクール時代に基礎・基本をしっかり学んでおくと、将来どんな機種にも対応でき、パイロットとしての伸びしろが期待できます。

パイロットの夢に年齢制限なし　いくつになっても空は飛べる

パイロットを趣味の範囲でやってみて飛行機に乗るという方法もあります。最近は人生100年時代ということもあり、サラリーマンを引退後、セカンドライフの楽しみとして自家用免許を取る人が増えてきました。子どもの頃からずっと憧れだった夢をシニアになってかなえるというのもすてきなことです。また、40代くらいの働き盛りの人が、仕事のリフレッシュのために週末にフライトするという例もあります。

パイロットのライセンスには事業用と自家用があります。仕事として操縦するためには事業用免許が必要で、操縦する機種や路線ごとの資格が必要になってきますが、個人的に趣味で操縦する分には自家用免許があれば十分です。

自家用操縦士のライセンス取得に掛かる費用は個人差がありますが、すべての訓練を国内で受けた場合、およそ600〜800万円掛かります。訓練に要する期間は、働きながら休日に訓練を受けるとして2〜3年が目安です。

まとまった休暇（約3カ月）が取れれば、海外でのライセンス取得という手もあります。アメリカだと、日本でライセンスを取得する費用の3分の1ほどで済みます。渡航費・滞在費などを含めて約200〜350万円です（為替レートにより変動）。教官と日常会話ができるくらいの英会話スキルは必要ですが、短期集中で中身の濃い訓練が受けられます。

レンタル飛行機ではなく個人所有の形で飛行機を購入するとしたら予算はどれくらいかというと、4人乗り自家用機で3000〜4000万円、高級なものになると1億円を超えるものもあります。しかし、中古の小型機なら300万円クラスからあるので、手の届かないほど高嶺の花というわけではありません。

職業としてのパイロットにならなくても、いくつになっても空の世界を楽しむことはできるのです。

これからは女性パイロットが活躍する時代

パイロットというと、制服をピシッと着こなした男性パイロットの姿がまず思い浮かぶように、女性パイロットは日本ではまだまだマイナーな存在です。

しかし、近年は女性パイロットが増えてきました。厚生労働省の「令和4年賃金構造基本統計調査」によると、統計調査にある程度の誤差はあるとはいえエアラインで働く女性パイロットは7000人のうち140人（2％）となっています。2019年は5000人中50人（1％）だったので、着実に増えていることが分かります。

政府が女性パイロットの増員を施策として打ち出していることや、2022年10月から2023年3月までにNHKの朝の連続テレビ小説『舞いあがれ！』が放送されたことで女性パイロットへの関心が高まっていることなどもあり、これから女性の志願者が一気に増える可能性があります。

海外では日本以上に女性パイロットの増加が進んでいます。インドは女性パイロット比率が最も高く、パイロット総数8797人のうち女性パイロットは1092人で、女性機長は385人もいます。また、オーストラリアのカンタス空港は、2035年までに社内のパイロットの男女比を１：１にすると目標を掲げています。

世界的に、もっと女性パイロットに活躍してほしいという時代の潮流があるのです。日本の航空業界はまだまだ男性社会で、自ら変革していこうとする姿勢は弱いですが、今後はそんなことは言っていられないはずです。国際社会のなかで日本も後れを取ってはいけないという業界内外からの圧力が大きくなっているためです。

ジェンダーレスやダイバーシティーの時代において、日本の航空業界も否応なく変わらざるを得ない状況におかれているのです。そう考えると今が転換期で、女性パイロットの採用が増えていくことは間違いありません。

女性はパイロットに不向きというのは誤った認識

女性は男性に比べて体力的に弱く、体格も小さいのでパイロットには向かないとか、理系の知識が必要なので文系の人が多い女性向きの仕事ではないといわれてきましたが、事実ではありません。

航空大学校でパイロットの募集条件として身長１５８㎝以上となっているのは独自に設

定しているだけであって、操縦センスと身長とは何の関係もありません。そのため採用条件として身長制限を設けていない航空会社も多くあります。民間のフライトスクールは基本的に身長制限なしです。

体力的なことをいえば、重い荷物を運ぶなどの力仕事もほとんどありません。貨物輸送機でも荷物はリフトで上げ下ろししています。また長時間フライトや夜勤がつらいという指摘も、まったく同じ条件で客室乗務員は働いているので、女性だから不向きということにはならないはずです。

多くのパイロットを見てきた私の経験からすれば、度胸や人への気配り、計器類の細かいチェックなどの点では、女性のほうが優れている印象があります。私はパイロットになったら活躍できそうだと期待を感じることができる女性にこれまで何人も会ってきました。

私の会社にも女性からの問い合わせがたくさん来ます。女性からの相談で最も多いのは身長が低いとパイロットにはなれないのかという内容です。やる気は十分あるのに親に反対されているという相談もあります。親には、パイロットは男性社会だから女性は苦労するとか、体力勝負で女性にはきついからやめておけとか言われるようです。

問い合わせのなかには、訓練の段階で女性が落とされるというのは本当ですか、という驚きの内容のものまであります。パイロットがまだまだ男性社会であることは否めませんが、女性であることを理由に落とすなどということはありません。そんなことをすれば人権問題ですし、行政指導が入るのは間違いないからです。

せっかく女性にも門戸が開かれようとしているのに、挑戦する前に諦めてしまうのはもどかしい気がします。女性も男性も関係なく、もっと多くの人にパイロットに挑戦してほしいと願っています。

パイロットになるのに理系も文系も関係ない

メカニズムが分からないとパイロットにはなれないのではないかと思って、諦めている人も多くいます。私の会社への問い合わせでも、理数系が苦手ではパイロットは無理かと聞かれることがよくあります。無理ではないと答えてもなかなか自信をもってもらえず、問い合わせだけで終わってしまうケースが多いようで残念でなりません。

実際にこの業界にいると分かりますが、文系のパイロットは世の中にいっぱいいます。

私自身もどちらかというと文系の人間です。理系の知識が足りなくて困ったということは一度もありません。むしろメカニズムが本当に好きな人は飛行機の整備士を目指す傾向が強く、パイロットには興味がないという人が私の周りでは多いです。

車の運転をするのに自動車工学を知っていないとダメかというと、そうではないのと同じです。飛行機をより深く理解する意味ではメカニズムの知識もあるに越したことはありませんが、ないからといってパイロットの適性に欠けているわけでは決してないのです。

計器の扱い方や気象の読み方、空気力学などの基礎は訓練のカリキュラムに組み込まれていて、学ぶ機会が用意されています。教官も訓練生には知識がないことを前提に丁寧に教えてくれるので何も心配する必要はありません。理系が苦手というだけで、自分で夢をつかむ可能性を手放してしまうのはあまりにももったいないことです。

文系か理系か、男性か女性か、何歳なのかよりも、パイロットにはもっと大事な本質があります。それは、人や物を安全に目的地まで運ぶという使命を果たすために不可欠な要素です。

例えばクルーとのチームワークで大事なのはコミュニケーション能力です。トラブルの対処には判断力や決断力も必要となります。長時間フライトではタフな心と身体も重要です。これらは人間の本質的なあり方やマインドの問題であって、理系脳だ文系脳だという議論ではありません。そもそもパイロットが理系の職業だというイメージがあるのは日本だけです。海外では文系理系の区別がもともとなく、数学が得意でも弁護士になるし、文才があっても医者になるのが普通という感覚なので、そういった話題にさえならないのだと思います。

本書ではパイロットにとっての本質的な部分を6つの資質としてとらえており、それこそが備えておきたい最も大事な能力なのです。

第3章

狭き門をくぐったあとの現実は甘くない!?

誇りなくして
パイロットの仕事は務まらない

日本でパイロットの夢をかなえるのは狭き門

憧れだけでパイロットになると、将来、必ず壁にぶつかってしまいます。多くの人がパイロットになりたいという夢を抱く一方で、現実にパイロットになれるのは限られた一部の人に過ぎないことは事実です。なぜ日本でパイロットが狭き門なのかというと、大きく3つのハードルがあるためです。

①パイロットの養成所が少ない
②大学などに入るための条件が厳しい、競争率が高い
③学費が高い

まず日本でパイロットになる方法としては、主に次の5つのルートがあります。

●航空会社の自社養成

一般の大学を卒業後に航空会社に就職してパイロット育成カリキュラムを受ける方法で

【図２】パイロットになるためのルート

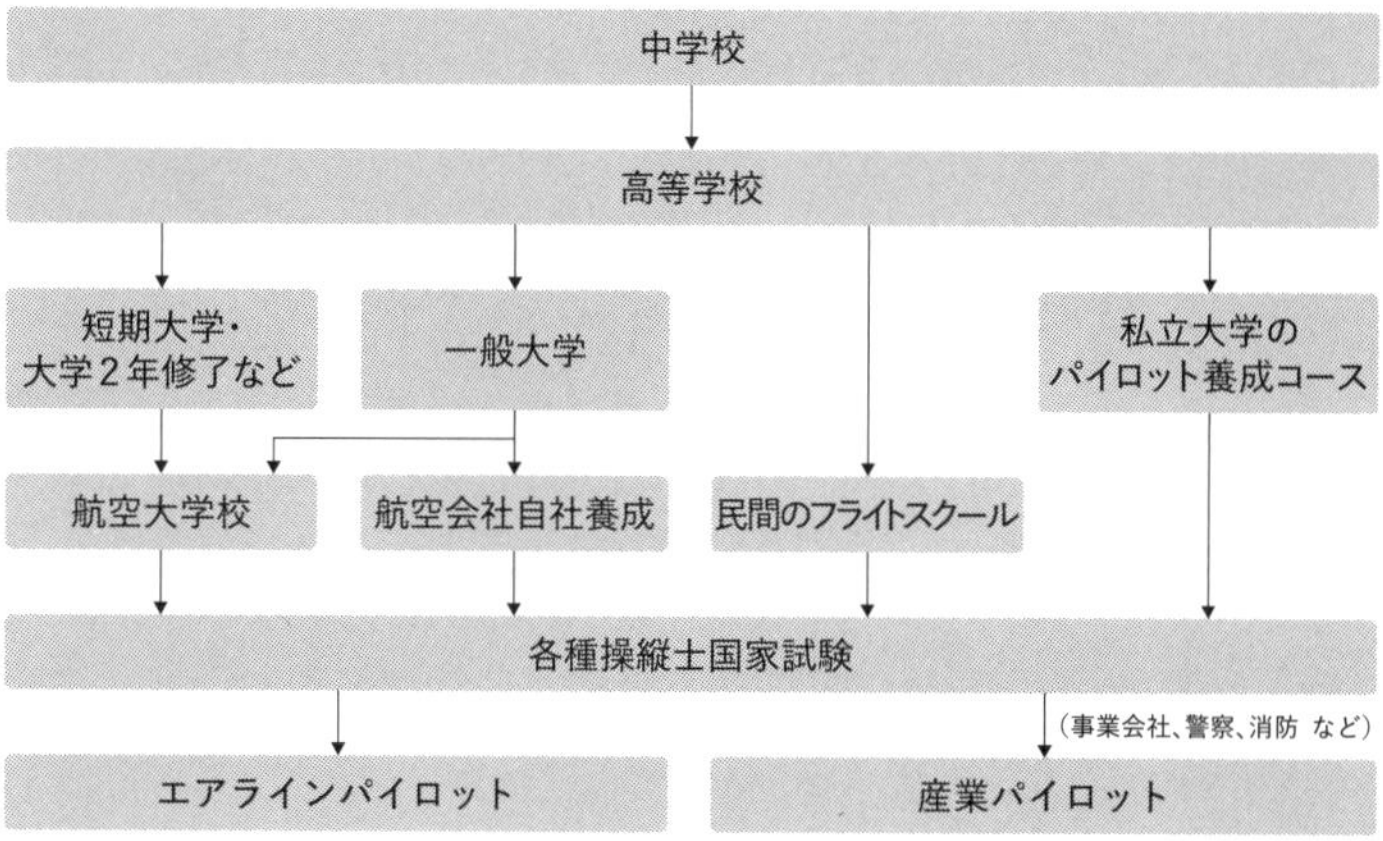

出典：著者作成

す。

会社によってカリキュラムは異なります。いずれも厳しい訓練や試験を経てパイロットになるためのライセンスを取得し自社で現場経験を積みながら副機長、機長へとステップアップしていきます。乗務するのは自社の旅客機や貨物機です。

給料をもらいながらパイロットとしての知識と技術を学べるので人気ですが、国内自社養成を常設しているところは最大手の2社のみです。ほかに、不定期で実施している航空会社があるだけです。

●航空大学校

短大・高専・大学2年のいずれかを修了

後に航空大学校に入学してパイロットになる方法です。学科教育から操縦技術までを2年掛けて学びます。在学中に数種のライセンスを取得することが可能で、卒業生たちは思い思いの航空会社へと就職していきます。

●私立大学のパイロット養成コース

私立大学のパイロット養成コースに進学し訓練を受ける方法です。航空業界ではパイロット不足が課題で、2006年に東海大学が国内で初めて創設したのを皮切りに、2023年現在は8大学で設置されています。

●民間のフライトスクール

民間のフライトスクールに入学する方法です。国内にフライトスクールが点在しており、規模もカリキュラムもさまざまで、取得できる免許の種類や卒業生の就職実績なども多種多様です。選択するコースによってエアラインなどの就職に必要な事業用免許も取得できますが、自家用免許を取って趣味の範囲で操縦したいという人も多く在籍しています。

●航空自衛隊・海上自衛隊への入隊

やや特殊になりますが、航空自衛隊や海上自衛隊のパイロットになる方法もあります。操縦できるのは自衛隊所有の航空機だけという特別の免許なので、民間機の操縦には別途資格を取らないとなりません。

航空自衛隊に入隊する方法はいくつかありますが、最も一般的なのは高校卒業後に航空学生として入隊する方法で、航空自衛隊のパイロットの約６割は航空学生の出身者です。

パイロット育成機関の合格率は医学部以上のハイレベル

次に、パイロット育成機関に入るための条件や競争率について解説します。

●航空会社における自社養成の倍率

大手航空会社が実施しているパイロットの自社養成の新卒募集は人気の就職先だけあって例年倍率は１００倍を超えるといわれています。年度によっては募集がない年もあるので余計に応募者が殺到してしまうのです。

●航空大学校の倍率

入試状況については、独立行政法人航空大学校が「2023年学校案内」で発表したデータによると、受け入れ108人の定員に対し、2020年は926人の受験者数で倍率は8・6倍でした。これは、医学部医学科への競争率が国公私立大学合計で、8・23倍の倍率ですから、医学部よりも狭き門になっていることが分かります（文部科学省「令和元年度　医学部医学科入学状況」）。

しかも航空大学校には出願資格があって、学歴のほかに身長158cm以上、入学時に25歳未満という制限もあります。

●私立大学のパイロット養成コースの倍率

私大のパイロット養成コースも志望者数が多く、倍率が高くなってきている状況です。私大のパイロット養成コースが創設されて十数年が経ち、卒業生たちが活躍するようになってきました。そのため認知度が上がり、競争率が高くなっているのです。

大手予備校の出している偏差値だけを見ると、そこまで難しいようには見えないのですが、実際には定員に対して受験者数が多過ぎて、ほぼ満点を取らないと合格できない状況です。1点を争うシビアさでは難関大学の入試にも匹敵します。

●入学試験不要の民間のフライトスクールもある

民間のフライトスクールでは入学時の選抜試験や身長・年齢の制限がないところもあります。だからといって訓練がやさしいわけではありません。成績が悪ければどんどん落とされてしまうのはほかと一緒です。

●航空自衛隊・海上自衛隊の特有の難しさ

航空自衛隊や海上自衛隊に入隊する際にも試験があります。航空学生として入隊する場合は18歳から21歳未満が対象です。つまり人生で最大3回しか受験資格がありません。

これらの狭き門をかいくぐって育成機関に入れたとしても安心はできません。全員が無事にライセンスを取得できるわけではないからです。訓練についてこられない、試験にパスできない、人間性に問題があるなどの場合は教官は容赦なく落としてきます。

入学後もいくつものふるいに掛けられ、残った人だけが念願のパイロットになれるという、厳しい世界なのです。

パイロット養成に掛かるコストは数千万円

パイロットを育成するには多額の養成コストが必要で、基礎教育・訓練だけでも数千万円掛かります。

航空会社に就職して自社養成を受ける場合は、会社が訓練コストの全額を負担してくれるため、ライセンスを取るための自己負担はありません。ただし、大卒の資格が必要なのでその分の学費は掛かります。会社としては先行投資という形で訓練コストを負担しているので、ライセンス取得後もその会社の社員として一定期間働くことが求められます。

航空大学校の場合は公立機関なので、授業料はそんなに高額ではありません。それでも2年間で約600万円（寮に払う食費・水道光熱費の概算込み）が必要です。それ以外に国家試験受験料十数万円や大学時代の生活費などを合算すると、1000万円近く掛かることになります。浪人して再チャレンジする人も多く、そうするとさらに負担は大きくなります。

私立大学のパイロット養成コースは学費に加え、フライト訓練費用も自己負担になります。大学によっては在学中に留学を必須としているところもあり、概算で１６００万円〜２６００万円と高額です。一般のサラリーマン家庭で何千万の学費を背負うのは、なかなか勇気のいることに違いありません。

民間のフライトスクールで事業用免許を取得する場合は２〜３年で平均２０００万円ほどの費用が掛かります。

日本では、学費の安いルートでパイロットになろうとすると合格率が低くなり、合格難度が低いルートを選ぶと学費が高額になるというジレンマがあり、それがネックになってパイロットを諦める人が多くなってしまうのです。

近年では国内でのライセンス取得にこだわらず、海外のフライトスクールにパイロット留学する人も増えてきました。海外のフライトスクールは日本よりも短期間でカリキュラムが修了でき、パイロットに必須の語学力を養うことができます。滞在費用や日本のライセンスへの書き換え費用などを含めても、日本の民間スクールや私立大学に行くより低い額で収まる場合が多いです。

せっかくパイロットになれても2〜3割が離職していく現実

狭き門をくぐって夢のパイロットになったとして、全員が長く活躍できるかというとそうではありません。心身を壊したり、理想とのギャップに苦しんだり、問題を起こしたりして辞めていく人がいます。私の肌感覚と周りのパイロットたちからのヒアリングでは、2〜3割のパイロットが仕事が続かずに離職していくようです。

厚生労働省の雇用動向調査では、全産業での離職率（パートタイムを除く）は、2020年度・2021年度とも10%余りなので、パイロットの離職率は意外に高いといえると思います。

今の航空会社が合わないという理由で別の航空会社へ転職していくケースもありますが、パイロットそのものを辞めて、別の職種に転向してしまう人もいます。日本の航空業界に嫌気がさして海外へ拠点を移す人もいます。いずれにしても定着しないという意味で、日本の航空業界にとって損失であることに違いはありません。

地上とは違う労働環境による疲労の蓄積

なぜパイロットを辞める人が出てくるかについては、パイロット特有の労働環境が原因としてあります。もう一つはパイロットになる人たちの性格的な傾向にあると、私は考えています。

まず労働環境ですが、ANAのセミナー資料にその特殊性として次の点が挙げられています。

・長時間乗務
・時差
・騒音
・乾燥(湿度10%程度)
・低気圧(富士山の7合目相当)
・高速移動(無風状態で時速約900km)

また、同資料では乗務中の心身への負担についても指摘しています。

・大きな責任が伴う

・地上とは違う環境下で行われている
・止まることができない、支援を受けられない
・変化する状況に応じて、限られた時間内でさまざまな頭脳労働をしている
・離着陸時に高いワークロード（作業負荷）が掛かる

つまり、上空という特殊な環境と人命を運ぶというミッションがあることで、パイロットの疲労度は地上とはまったく違うものになるのです。体力や精神力の消耗からパイロットを続けることが難しくなってしまう人が少なくありません。

エリートゆえの挫折に弱いという弱点

次に、パイロットになる人たちの性格的な傾向についてです。日本でパイロットになる人たちの多くは学歴にも経済的にも恵まれていて、名の通った航空会社にストレートで採用され、周りからも優秀だと一目おかれてきたという、いわゆるエリートコースを歩んできた人たちが圧倒的に多いです。

副機長として5年、機長になるには10年以上とされているので、順調にキャリアを積んだ人では20代半ばで副機長になり、30歳過ぎで機長になっています。収入も高く社会的地位もあり、同じような学歴や生活レベルの配偶者と結婚して家庭を築くというのが一般的に見られるケースです。

すると、あまり失敗したり、価値観の違う人の間でもまれたりといった経験なくスムーズに人生が進んでしまい、挫折に弱くなってしまうのです。

出世やキャリア構築といった仕事上の悩みや、職場の人間関係の問題などに直面しても、自分は優秀だからパイロットになれたのだというプライドが邪魔をして、なかなか人に弱みを見せられず相談ができません。パイロット独特の悩みだから話しても分かってもらえないという思い込みをもっているケースもあります。また、優秀なはずの自分がこれくらいの問題を解決できないなんて恥ずかしいという意識もあるように思います。今まで勉強も就職も何でも自分の力で乗り越えてきたという成功体験があるからこそ、問題を解決できない今の自分を認めることができないのです。

そうやって問題を一人で抱え込むと、仕事がつらくなり、辞めたいと思うことが増えてきます。

集中力が低下するなどして仕事にも支障が出てくれば、職場を追われることにもなってしまいます。フライト前の機体や機器のチェックが甘くなったり、イライラしてクルーとのチームワークを乱したり、緊急時の判断ミスをしたりといったことです。メンタル不調に起因する墜落事故やパイロットの自死などの重大事案も現実に起こっています。

自分は一流という過信がトラブルを招くことも

小さな気の緩みやミスが命取りになる事例はこれまでにもありました。2022年4月には有明海での小型機不時着事故がありました。燃料切れで有明海に不時着し、操縦士と同乗者2人のうち1人が死亡、もう一人の同乗者が生き残ったとしてニュースになったので覚えている人もいるはずです。

事故の背景にはパイロットの過信がありました。操縦桿《かん》を握っていたのは大手航空会社の機長経験をもつ80代のベテランでした。80代といえば車でも免許返納をする人が増える頃ですが、この男性は、自分は一流のパイロットであって、いくつになっても飛べると考えていました。周りからはそろそろ操縦はやめたほうがよいのでは、と止められていたようですが、聞き入れることなく同乗者を乗せて飛んでしまっての事故です。燃料切れは燃料の残量について気をつけていれば避けられます。パイロットとして基本中の基本です。普通に考えればあり得ないミスであり、その確認を怠ったということは、この人にはパイロットとしての自覚が欠けていたと言わざるを得ません。

パイロットには法で定められた定年は存在しませんが、人それぞれに能力の限界はあります。このパイロットにもう少し素直さや謙虚さがあれば避けられた事故だったように思えて無念で仕方がありません。

パイロットにはエリートゆえの過信が起こりがちなのですが、自分は大丈夫だというバイアスが掛かると、やって当たり前のこと、やらなくてはいけないことを省いてしまいがちです。

２０２２年だけでも国内で６件の墜落事故が起きています。また、航空事業をする際に当然必要な事業許可を取らずに、チャーター機を飛ばそうとした業者が航空局から注意を受けたという、信じられない事案もありました。

航空事故の怖い点は、問題が自分だけで終わらず、他人を巻き込んでしまうことです。大きな飛行機が墜落すれば一度に数百人の乗客やクルーの命を失うことになるのです。街中にでも落ちれば、地上の人まで巻き添えとなり犠牲者はさらに増えます。だからこそ使命感・責任感をもって常に自己管理をしなくてはならないのに、それができない人がいるのです。

パイロットに多い五大トラブル

具体的にパイロットが抱えやすいトラブルは5つあります。お金のトラブル、飲酒問題のトラブル、メンタルヘルスの問題のトラブル、身体的な病気や不調のトラブル、コミュニケーションの問題のトラブルです。

●お金

高収入のパイロットは裕福で金銭トラブルと無縁と思われがちですが、実はそうでもありません。人を疑うことをしないためにお金をだまし取られたり、軽い気持ちで投資に手を出して失敗したり、収支のコントロールができずに借金を抱えたりなどの例をよく聞きます。

●飲酒問題

飲酒問題を抱えるパイロットも少なくありません。人命を預かるプレッシャーやフライトの緊張感を和らげるために酒を飲む人、時差ボケで不眠気味になり、睡眠薬代わりに酒の力を借りる人、長時間フライトの疲れやストレスを解消したくて飲む人などがいます。

パイロットには車の運転よりも厳格な飲酒ルールがあり、血中濃度０・２g／L未満、呼気中濃度０・09㎎／L未満をクリアしないと乗務禁止です。乗務前８時間は飲酒禁止という運航規程もあります（航空会社によっては12時間のところも）。検査時の不正（なりすまし／すり抜け）防止も厳しく、それでも自制が利かずに飲んでしまう、このくらいなら大丈夫と過信して飲んでしまう人がいるのです。

飲酒検査に引っ掛かって飛行機が運休や遅延になるのも迷惑ですが、酔った状態で操縦し深刻なトラブルを起こしてしまうケースは最悪です。日本ではパイロットの飲酒の関与が疑われる事故は、１９７７年のアンカレッジ空港での日本航空１０４５便墜落事故以来起きていないものの、乗務前の検査で飲酒が発覚する事案は今もあとを絶ちません。

●メンタルヘルスの問題

飲酒問題はメンタル管理ができていないことの表れともいえますが、うつなどの気分障害もパイロットに多い不調です。ハーバード大学が民間パイロットを対象に実施した調査によると、回答者の12・6％が臨床的うつ病の診断基準を満たす状態でした。うち4％は過去2週間に自殺的思考に駆られたことがあると答えています。

2015年にアルプス山脈で故意に飛行機を墜落させて搭乗していた150人全員が死亡した事故が起きていますが、この事故調査で副操縦士がうつ病を患い、人知れず自殺願望を抱えていた事実が明らかになりました。ほかにも1997年のシルクエアー185便事故や、1999年のエジプト航空990便墜落事故など、パイロットの故意による墜落事故はたびたび起こっています。

今回のアンケートに当たったハーバード大学の研究チームは「『不適格の烙印を押され、地上勤務に回されるのではという不安』が、精神衛生上の問題を抱えていてもパイロットたちがひた隠しにする傾向を促している可能性がある」と述べています。

●身体的な病気や不調

身体的な問題からフライトができなくなるパイロットもいます。国内線では最大８時間、国際線は最大12時間（３人以上の場合は12時間超も）の乗務になります。その間、操縦席に座った状態が続くため腰痛はパイロットにつきものです。時々コックピット内で背筋を伸ばしたり肩回しをしたりといった軽いストレッチ程度しかできず、それ以外はトイレに行くときくらいしか身体を動かすことがありません。人間は立位より座位のほうが１・４倍も腰に負荷が掛かるといわれています。前かがみで座った場合は立位の１・85倍です。

パイロットの健康をチェックするために航空身体検査を定期的に実施した結果、ストレスで血圧が高くなったり、ストレスからくる暴飲暴食で血糖値が高くなったりする人がよく見つかります。生活リズムの乱れやストレスから熟睡できなくなる人も珍しくありません。

検査時に基準値を超えていれば乗務禁止や条件付き合格になります。憧れだったはずの仕事にストレスを感じるようになり、健康を害するというケースが意外に多いのです。するとメンタルまで弱ってくるので、仕事を続けるのがつらい気持ちになっていきます。

●コミュニケーションの問題

空の上ではパイロットは機内でのリーダーで、機長になれば最高権限者です。強い実権をもつがゆえに、地上でも偉そうにする人がいて、グランドスタッフから嫌われるという話をよく聞きます。

職場で孤立して相談ができない、困っていても共感や助けが得られない、ますます孤立して職場にいづらくなるという悪循環にはまり、離職していくケースがあります。

パイロットになって数年で第一の分かれ目が訪れる

夢をつかんだはずのパイロットたちがなぜモチベーションを失い、問題を抱えて辞める選択をしてしまうのか、そこには一定のパターンがあります。

訓練生の頃は、パイロットになるという明確な目標があるためにがむしゃらに頑張れるのです。しかし、パイロットとして就職し数年が経つと仕事にも慣れてきて、生活パターンもつかめてきます。新しい刺激が減ってマンネリ化すると、モチベーションが少しずつ落ちてきてしまうのです。

パイロットの業務上の不満として多いのは、地上業務や雑務が多過ぎることです。もっと華々しく飛行機を操縦して世界中を飛び回っているイメージだったのに、地上業務のほうが多い、パイロットでなくてもできるような下働きをさせられることに違和感を覚えるのだと思います。実際に「こんなはずじゃなかった」「パイロットというよりサラリーマンみたい」という声をよく聞きます。

また、パイロットの世界は年功序列がまだまだ残っているので、若手の意見が通らない、旧式の風習やマニュアルに縛られるといった葛藤も抱えやすい環境です。「機長と性格が合わない」「機長と長時間コックピットにいるのが気詰まりで苦痛」というのも若手によくある話です。

こうした問題は、パイロットになることがゴールになっているために起こってきます。免許を取った時点や就職した時点で夢が達成されてしまうため、現状への不満ばかりに執着してしまい、次に何を目指せばよいのかが分からなくなってしまうのです。

ライフスタイルの変化も悩みの種になりやすい

30代から40代になると、結婚や出産、社内での昇進など環境・ライフスタイルの変化が訪れます。仕事上の責任が重くなり、家族を支える責任も新たに加わってくるのです。これまでのように自分のことだけを考えて行動していればよいわけではありません。

仕事や責任が増える一方で、年齢的にはだんだん心身両面で無理が利かなくなっていく年頃です。若い頃はちょっとした飲み過ぎや食べ過ぎはどうってことなく、身体検査に響いてくることもありませんでした。ところが中年にさし掛かると確実に身体検査に響いてきます。嫌なことがあっても仲間と飲んで愚痴をこぼし合えば解消できていたものが、飲食の節制によってできなくなり、ストレス過多になっていくパターンは多いです。飲酒についても過度になるのはやめないといけないと自覚はしているのに、ほかにストレス解消の方法がなく、つい飲んでしまうケースが多いのです。

中年以降は健康やモチベーションの自己管理を若いとき以上にしっかりやらなくてはなりませんが、若いうちにそういう自己管理の習慣ができていないと中年になってから苦労します。自己コントロールができなければ、パイロットとしての責務は果たせず、場合によっては会社から戦力外通告を受けてしまうことになりかねません。

一度失敗すると再チャレンジが難しい

仮にうまくいかないことがあってもリセットして立て直しができればよいのですが、失敗を許さないのが日本の風潮です。私たちは子どものときからやり始めたことは最後までやり通すべしと教えられてきましたし、失敗するのは努力が足りないからといわれてきました。そのため、失敗した人への当たりがとても冷たいのです。失敗した本人も、自分はダメな人間と思って落ち込んでしまうことになります。失敗した人のレッテルを周りからも貼られ、自分でも貼ってしまうのです。

しかも日本のパイロット業界は狭いですから、組織になじめないとか問題を起こした人とか処分を受けた人といった悪い噂はすぐに広まります。すると次の組織に移ってもそういう目で見られて働きづらくなり、再チャレンジができなくなってしまいます。そもそも転職しようにも噂が広まっていて採用されないケースも少なくありません。

そうやって会社を辞めたり業界を離れていったりするパイロットが何人もいるのです。

使命感をもって自分を磨き続ける者だけが一流になれる

プロのパイロットは高度に専門特化された職業です。最新の飛行機は自動化が進んでおりパイロットの操縦の労力は減っているとは思いますが、何百人もの命を定刻どおりに目的地まで安全に運ぶという責任が減ることはありません。

また副機長から機長へのキャリアアップや、さまざまな機種や路線への対応、優秀なライバルたちとのしのぎ合いなど、パイロットは一生勉強です。

操縦技術を磨き、人間性を高め、クルーたちとのチームワークを構築していくというミッションを遂行するために、パイロットたちは日々研鑽を重ねています。研鑽は、ここまでやれば終わりというゴールがありません。やればやるほどより高い課題や目標が現れて、努力を怠ればライバルたちに追い抜かれてしまいかねないのです。その意味でとてもハードな仕事です。しかしゴールがないからこそ、努力次第でどこまでもレベルアップしていける仕事でもあります。

今日より明日、明日より明後日と自己更新を重ね、上を目指せる人だけが一流のパイロットになれるのです。

第4章

世界水準のパイロットを目指す君へ――

使命を果たすために必要な6つの資質

世界水準のパイロットとは

一流のパイロットとは、世界水準のパイロットのことです。これからパイロットを目指す人たちには、どこの国や地域に行っても、どんな飛行機を与えられても、安全に航行するというパイロットの使命を果たせる人になってほしいのです。

世界水準のパイロットとは具体的にどんなパイロットかというと、私の師匠は間違いなくその一人です。

私がカリフォルニアに留学していたときに70代の教官がいました。彼は歴史的価値のある古い飛行機をウクライナからロシア経由で日本まで運んできた経験がありました。メカニズムも旧式で操縦の勝手が現代の機種とは大きく違うのですが、本人は初めて操縦する飛行機だったのに、難なく日本まで飛んできました。

アメリカに保存されている日本のゼロ戦を日本に運んできて、里帰りフライトとして飛ばすイベントがあったときも、彼がフライトを務めました。

決して有名大学を出ているわけでもなく、背丈も１６０㎝くらいで男性としては小柄ですが、とにかく飛行機が好きで詳しいのです。私はよく食事に招かれていろいろな話をしました。飛行機を心から愛していること、そしてパイロットという仕事に誇りをもっていることが言葉からも態度からも伝わってきました。口が悪くてお世辞など絶対言わない人で、自分から見て適性がないと判断した訓練生には次の日から訓練をしてくれなくなるような人でした。指導法は極端ですが、彼なりに適性のない者に免許をもたせることの危険性を知っているからこその行動だったと思います。

彼は飛行経験がとにかく豊富なので、何度も危ない目には遭ってきたそうです。そのたびに自分自身でなぜ事故が起きたのかを詳しく検証して次に活かすことをしてきました。あわや墜落かというトラブルもあったけれど、そうした体験を恥じずに訓練生に話すところや、何が悪かったかを理解して説明できるところがすごいと私は思いました。あらゆる経験が蓄積されているからこそ、周囲の人にアウトプットして伝えられるのです。

彼くらいの手練れになると、どの飛行機を操縦させても5分や10分の短時間でそれぞれの機体の特性をつかんで、ものにしてしまいます。人間的にはクセが強いタイプですが、パイロットとしてはまさに技術と知識と経験を備えた唯一無二の存在です。

日本では世界水準のパイロットが育ちにくい

私は自社のミッションとして世界水準のパイロットを育てることを掲げています。なぜそこにこだわるかというと、日本のシステムで育ったパイロットは、国内では優秀でも世界で通用しないことが多いからです。

日本は日本だけの特殊なシステムでパイロットを選別し育成しています。最初のふるいの掛け方からして世界とは異質です。本人の才能を見る前に条件（学力や経済力など）で見るという選抜法を取っている国は日本くらいだろうと思います。

日本式の選抜法にも一定の合理性はあるとは思いますが、弊害も大きいと私は考えています。条件に引っ掛からず門前払いされた人のなかに本当の意味でのパイロットの適性を秘めた人がいる可能性もあるからです。磨けば光るダイヤモンドの原石をみすみす捨てているのと同じです。

一方で、条件さえそろっていれば適性が欠けていてもパイロットになれてしまうのが日本のシステムです。もちろん厳しい訓練でふるいに掛けられますが、あくまでもカリキュラムに基づいているので想定内のことしか起こりません。パイロットは想定外の事態にいかに対応するかが大事なのですが、訓練中に想定外が起こることはまずないので適性が欠けていても気づかないままクリアできてしまうことが多いのです。

その結果、現場に出て働いたときに適性の足りなさが浮き彫りになり、パイロットとして行き詰まったり、伸び悩んだりする人が出てきます。そのときに自分の弱点に気づいてなんとかできればよいのですが、学歴は高くても社会性が足りない、課題解決ができないとなると、転んでもなかなか立て直せません。

自分で自分を立て直せない、事態を改善していけないようでは世界で活躍することは到底できません。

使命をまっとうするならテクニックはあって当たり前

パイロットを目指す人たちには技術と知識があればやっていけると思っている人がいるのですが、それは間違いです。技術や知識はあって当たり前であり、それに加えて人間性が備わっていなければ安全な航行という使命は果たせないのです。

高度な勉強をすることや偏差値の高い大学に入ることも大事ですが、それ以上に大事なのは日々をどのように生きるかです。当たり前のことを当たり前にできるかが社会では問われます。ところが、挨拶ができない、人とコミュニケーションが取れない、自分のやり方に固執して周りの意見を聞けないといった人が結構いるのです。

例えば自分から問い合わせをしてきたのにこちらの説明を聞かず、会話のキャッチボールができない人が時々います。パイロットになりたくて海外留学を考えているという人から先日も電話で問い合わせがありました。何のパイロットになりたいのかと聞くと、飛行機を操縦したいと返ってきたのです。こちらはもっと具体的なこと、例えば自家用なのか事業用なのか、事業用ならどういう就職先で働きたいと考えているのかが知りたかったのです。目指すゴールによって紹介するフライトスクールも変わってくるためです。

しかし、こちらが噛み砕いて質問し直しても的確な答えが返ってきません。質問の意図を汲み取れないのか、パイロットになった先のことを考えていないのか、結局最後まで話が噛み合いませんでした。

このケースは極端ではありますが、そういった基本的な問答もできないと世界はおろか日本でも通用しません。

コミュニケーション能力やトラブル対応能力などは、パイロットになってからではなく、パイロットになる前から意識して高めておくことが大事です。操縦の知識や技術だけでなく、プロとして務めを果たすために必要な次の6つの資質がそろったとき、初めて一人前のパイロットになれるのです。

1.［飛行機への深い興味関心］

パイロットを目指すモチベーションの根源が飛行機や空への強い想い

パイロットになるうえで最もベースにあってほしいのが、飛行機が好きであり、空が好きだという熱い気持ちです。この情熱がパイロットを目指して努力するモチベーションの根源となります。

好きというのにもいろいろなレベルがありますが、パイロットになりたいというからには最低でも、ボーイングか、エアバスかくらいの機種の違いは分かってほしいところです。この2つは旅客機の代表格なので、区別がつかないというのは救急車と消防車の違いが分からないのと同じくらい問題です。

私は仕事柄自分の会社の仲介でパイロット留学に出発する人たちを空港ロビーまで見送ることもあります。飛行場に駐機されている機体を見て「○○航空の△△という機種だ」と興奮している人は、高い確率で資格を取得し、将来的にパイロットになっていきます。好きな飛行機を聞くと、「アクション映画に出てきた○○に乗ってみたい」「架空の機種だがアニメの○○がカッコいいと思う」などの具体的な答えが返ってきます。

入学時点で小型機の種類や型式まで知っている人はまずいませんが、そこまでを知っている人はなかなかの飛行機好きだといえると思います。

航空自衛隊を志望する人には、歴代の戦闘機を全部知っている人が結構な割合でいます。どの国の軍の機体で性能はどうだとか、いつどこで戦ったといったエピソードまでインプットされていて、私も感心させられることがあります。

飛行機や空が好きな人は飛行機を単なる移動手段だとはとらえていません。だから客として乗るだけでも楽しいし、空港の展望デッキで離着陸を見ているだけでも興奮すると言います。

成績だけでパイロットを目指すと失敗しやすい

逆に、さほど飛行機や空に興味がないのにパイロットを目指そうとする人が時々います。あまり情熱がないので問い合わせだけで終わるケースもありますが、学校の成績が良いからパイロットを目指すという動機の人が一定数いるのです。

どんな飛行機のパイロットになりたいかとこの前も尋ねたら、ジャンボ機と答えた人がいてビックリしました。飛行機に少しでも興味があれば、今はもうジャンボ機がほとんど飛んでいないことくらい知っていて当然です。ほかにも、何の飛行機かなんて考えたことがなかった、飛行機なんてみんな同じと思っていたなどと言った人がいて悲しくなりました。

そもそも空や飛行機が好きでなければパイロットになる意味がないと思うのですが、そういう人たちは学校の成績も悪くないし、社会的ステータスや年収、見た目の格好良さなどに憧れてパイロットにでもなってみようかと思ったのに違いありません。

初歩的な知識さえないまま問い合わせてくる人たちは、インターネットで、パイロットになるには、と検索すれば必ず目につくはずの情報さえ知りません。自分で調べようとしていないのです。自分で調べるより人に聞いたほうが楽と思っているか、分からないことを調べるという発想自体がないか、ステータスだけで安易に選んでいるなどが考えられますが、いずれにしてもパイロットとしての資質に欠けると言わざるを得ません。

自分で夢をつかみ取ろうとする主体性がないと、人任せでは訓練でもおいていかれるのが目に見えています。仮に養成所に入っても、途中でモチベーションが続かなくなり、伸び悩んでリタイアするケースが実際に多いのです。

パイロットはある程度以上の学力は必要ですが、それだけではやっていけない仕事でもあります。医師や弁護士も頭や腕が良いだけでは、この人を信じて任せようとは思えないのと同じです。自分の命や人生を預けるからには、やはり誠実さや共感性、決断力や責任感などの人間性が大事です。

選ばれた一部の人しかなれない職業だからこそ仕事に情熱や愛情、使命感をもってほしい。それがあれば厳しい訓練も乗り越えていけます。そういう意味で飛行機愛は最も基本であり、愛がないと話が始まりません。

好きならセンスはあとからついてくる

好きこそものの上手なれで、好きなことは頑張れます。好きで努力することでセンスも磨かれていきます。

実際に訓練生たちを見ていると養成所に入学した当初はパッとしなくてもパイロットに強く憧れて頑張るうちに、同期生でいちばんのレベルになって卒業していくという例はよくあることです。

そういう訓練生は飛行機が好きで本や動画でいろいろな機種を見ているので、機体を見ただけでなんとなくその飛行機の飛ぶ姿がイメージできます。あの動画で見た、あの飛び方というように、頭のなかにイメージがあって操縦桿《かん》を握るのと、そうでないのとではのみ込みがまったく違います。それがセンスといわれるものなのです。

飛行機好きは YouTube や専門チャンネルで情報収集している

パイロットの夢を本気でかなえたいと思っている人たちは自然な興味から本や動画を見るなどして業界の情報に触れています。

日本には航空雑誌が4種類ほどあります。初心者向けからマニア向けまであり、読んでいると最新の飛行機の情報や航空業界のことが分かります。

訓練生たちがよく話しているのはYouTubeやBS専門チャンネルの番組です。例えば国際線エアラインの機長が管制塔と無線でやり取りしている実際の内容が聞ける番組があったり、飛行機事故の原因究明をする番組などがあったりします。現役パイロットの人が書いているブログなどにも面白いものがあります。

勉強のためと気負って難しい本や番組に手を出すことはしなくて構いません。自分が興味をもったものからどんどん当たっていくとよいと思います。面白くなければ飛ばして別のものを見てもよいのです。楽しみながらできる勉強こそが身になる勉強です。

2.［社会性］
パイロットを取り巻く諸問題は社会性のなさから起きてくる

パイロットを取り巻く問題のほとんどは、パイロット自身の社会性のなさから起こっています。自分の力量を過信することや、プライドが邪魔をして他人に相談できず孤立化すること、客観的な判断ができずに事故を起こすなど、すべて他者との交わりが少なく自分の価値観にとらわれていることが原因です。

人間は社会的な生き物だといわれます。一人では生きられず、集団のなかで支え合いながら生きているという意味ですが、パイロットはそれを忘れがちのようです。エリート育ちの人が多いので、何でも自分でできてしまうと思ってしまうからですが、それは幻想に過ぎません。知識やテクニックに偏った、頭でっかちのようなパイロットになってはいけないのです。

おそらく多くの人はきちんとした家庭教育を受けて、ある程度の社会性の基礎はできていると思います。だからこそ学生時代にクラスメイトとちゃんとやってこられたのです。しかし、家庭や学校というのは非常に狭い社会です。そこでうまくやってこられたからといって、実社会でも通用するとは限りません。

友達と待ち合わせをしていて急に都合が悪くなって行けなくなったとき、電話で今日行けないとだけ連絡して一方的に電話を切ることは、一般的な感覚からするとかなり社会性に欠ける行為です。今日が無理になったなら、どういう理由でキャンセルなのかを説明し、次はいつなら大丈夫なのか、相手は知りたいはずです。それはマナーであり相手への思いやりで、みんなやっていることですが、当の本人には自分が非常識な行動をしているという自覚がありません。

家庭や学校で褒められることが多かった人は自分はできていると勝手に思い込みやすいものです。相手の立場や気持ちを推し量ることが苦手なので、相手から自分がどう見えているかという意識がもてないのです。

パイロットだからといって高レベルの社会性が必要なわけではありません。まずは実社会に出たときに困らないレベルの社会性があればよいのです。

社会性というのはその人の立場によってもつくられてきます。上の立場になればその立場にあった社会性が求められ、それに応えていくうちに社会性が高まっていく、というようになっているのです。つまり、パイロットとしてのスタートラインに立とうとする時点ではそこまでのレベルのものは求められていません。社会性は一生かけて磨いていくものだと考えて、基礎をつくるときです。

謙虚さ、感謝の気持ちをもつ

パイロットになる人たちはエリートが多いです。それゆえに周囲が見えず、また見ようともせずに井の中の蛙とかお山の大将の状態になっている場合があります。周りから見ると全然力不足なのですが、本人はそのことに気づきません。パイロットというヒエラルキーの頂点に立ったという安心感から自分は成功したのだと思い込んで、自分磨きを忘れてしまいやすいので要注意です。

日本の航空会社では自社養成を終えると最初からエアラインを担当します。航空大学校や私立大学のパイロット養成コースの出身者も卒業後はエアラインに就職していくことが多いです。すると、いきなりパイロット界のトップに立つわけです。医師や教師が社会に出てすぐであっても先生と呼ばれて大切にされるように、パイロット経験が浅いうちから大事にされるので余計に慢心しやすくなってしまいます。

海外ではチャーター機などの会社で経験を積んでからキャリアアップとしてエアラインに転職するというのが一般的な流れです。

慢心はパイロットには大敵です。会社を1日休んだくらいどうってことないなどと思って仕事に穴を開ければ、周りに大きな迷惑を掛けてしまうからです。飛行前点検が甘くなれば事故にもつながりかねません。だからこそ謙虚さは大事です。

自分の言動の一つひとつが他者に影響を与えると考えると、無責任な行動にはならないはずです。飛行前に安全点検を徹底しようと心掛けるし、ずる休みをしようなどとは思いません。

人間はそもそも自分一人でできることに限界があります。飛行機も設計する人がいて、部品を製造する人がいて、組み立てる人がいて、整備する人がいます。そして最後に操縦するのがパイロットです。つまり、パイロットはみんなが作ってくれた飛行機がなければ存在できません。そこに気づくことができれば、飛行機に関わるすべての人に感謝する気持ちが湧いてくるはずです。

あなたのおかげだと感謝し、自分はみんなに支えられて生きていると理解することが謙虚さを生むのです。

世界の広さ・多様性に目を向ける

井の中の蛙にならないためにもう一つ大事なのは広い世界に目を向けることです。今まで自分が育ってきた家庭や学校というのは非常に狭い世界です。成績が良ければ褒められたし親や先生の言うことを聞いていればうまくやってこられたと思います。それは家庭や学校のなかにある価値観に合わせることができたからです。学校にはテストの点数や通知表、偏差値というものさしがありました。これはある意味でとても分かりやすいものさしです。勉強ができれば優秀な子として一目おかれ、進学先も良いところに行けて、勝ち方が分かりやすいのです。

しかし、実社会に出ると親や先生の価値観とは異なる価値観やものさしをもった人がたくさんいます。文化や習慣が違えば価値観は違ってきますし立場やキャリアによっても違ってきます。それこそ多様性の世界です。そのなかでいかに自分を合わせていくか、自分らしさを失わずに周りとうまくやっていくかが大事になってきます。

実社会にはいろいろな人がいることをまず知ることが必要です。そのためにはいろいろな業界の人、いろいろなバックグラウンドをもった人たちと交流して視野を広げることです。それこそ海外に行けば多種多様な人と出会うことができ、人間的な成長を促すことができるのです。

さまざまな価値観や考え方に触れることで、世の中にはそういう考え方もあるのか、とか、自分にはなかった発想だがそれもありだ、というふうに気づくときがきます。自分の考え方を押し広げてくれるような出会いを積極的に求めていくことが大事です。

自分とは違う発想の人がいると分かると、自分では解決できない問題が出てきたときにその人ならどう考えるのか、どうやればよいと考えるのか意見を求めることもできます。幅広い視野に立って、違う発想の人から意見を聞くことで、曇っていた視界が開けるということもままあるのです。

多様性を知るには本を読むこと　本を通して経験値が上がる

世界を知る、多様性を学ぶという点では読書は非常に役立ちます。

今の若い人たちは生まれたときからデジタルネイティブで、情報収集も映像中心だと思います。文字でやり取りするにしてもＳＮＳの短い文章に慣れているため、長い文章を読むことにストレスや苦手意識を感じる人がいるように思います。

しかし、活字はできるだけ読んだほうがよいです。小説でも専門書でも自己啓発本でも何でも構いません。本を読むことで想像力を働かせることができ、世の中を知ることができるからです。

私は年間50～60冊は読みます。興味のあるものはジャンルを問わず何でも読みます。飛行機とは関係のないジャンルも勉強になります。パイロットの世界は狭いので、あえてほかの業界を知るというのがとても大事だと思っています。

戦国武将の活躍を描いた小説を読むと、人心掌握術や戦術などが学べます。敵に攻め込まれて負けるはずがちょっとした機転で形勢逆転して大勝利を収めたり、逆に勝てるはずの戦で油断して足元をすくわれたり、ストーリーはさまざまです。武将たちが失敗したり成功したりするのを見ているだけで、この一言が相手の心を動かしたはずだとかここで気を引き締めておけば負けなかったなどといったように、自分の頭で思考を巡らしていくうちに自らの経験値も上がります。実際に戦をしなくても、頭のなかで戦の経験が積めるのが読書の魅力です。

本にはさまざまな世界のことが書かれているので、社会の常識と自分の常識のずれに気づくのにも役立ちます。自分の常識がほかでは通用しないことが自覚できる場合もあり、そうなれば謙虚にもなれます。

若いうちは知識の吸収も良く、時間の融通もつきやすいと思います。社会に出て働き始めると日々の業務が忙しく、なかなか自分の時間が取れないことも多いので、今のうちからたくさん読書をしておくのが正解です。

どの本から読めばよいか分からないという人は書店に行って面白そうなタイトルや表紙の書籍をとりあえず買ってみます。有名な人が書いているから、ベストセラーだから教養として読んでおくべきだなどという理由で選ぶと、教科書を読んでいるようで疲れてしまうので私は勧めません。教養本は読書習慣がついてから読めばよいので、名著かどうかはとりあえず気にしなくてＯＫです。

例えば株で儲けることに興味があったら、株式投資の本を買ってきて目次を見て、「5000円から始める投資」など最も知りたいページから読むのです。最初のほうにある解説を律儀に読む必要はありません。活字慣れしていない人は最初から最後まで全部読もうとすると途中で飽きたり挫折したりしやすいからです。頑張ってすみずみまで読んでも結局脳には興味のあるところしか記憶に残らないので、すっ飛ばしてしまってもよいのです。

気になるページだけつまみ読みしてよい、面白くなければほかの本を読めばよいと思えば読書のハードルも下がるはずです。

気軽に読んでいるうちに、実際に株を買うにはどこに行けばよいのかとか、投資信託って何かなどと疑問が湧いてくるはずです。そうしたらほかのページもめくってみればよいのです。

同じテーマの本でも著者が違うと、書いていることが違ったりします。そうやって連鎖的に読んでいるうちに知識の断片が集まっていき、やがて一つの体系的な知識として自分のなかに残ります。

読んで損はないのはリーダーシップ本と戦略本

私が読んで良かったと思うのはリーダーシップ論について書かれた本です。今まで何冊も読み、どれも勉強になりました。リーダーに必要な条件が書かれている箇所で自分にも当てはまる点があると知ると、リーダーに向いているのかと自信をもったり、逆にできていない点があるとそこを伸ばすことを考えたり、と刺激を多く受けるからです。私はそうやってパイロットや経営者になる前からリーダーシップを意識していたおかげで、今こうして大きな仕事ができています。パイロットは機内ではリーダーですから、この類いの本は読んで損はありません。

ランチェスター戦略の本も非常にためになりました。ランチェスター戦略とは、イギリスのエンジニア、フレデリック・ランチェスターが第一次世界大戦のときに提唱した数理モデルです。弱い立場にある者が強者にどのようにして挑むかを考えた「弱者の戦術論」であり、軍事戦略を基にして編み出されています。

これを読んだことで、先のビジョンを見ることや、ビジョンを伝えて味方を増やすこと、物事を戦略的に進めていくことの重要性に改めて気づくことができました。パイロットになる過程にも戦略の視点があると、成功をつかみやすくなるに違いありません。

読みたいところに付箋を貼る

ゆっくり本を読む時間がないときは、気になるページに付箋でマーキングしておきます。あとで時間ができたら、サッと開いて読めるようにします。そうやっておくと、すきま時間で本を読むときにも、いきなり読書に入れるので早く集中できます。

私は本に直接書き込みもします。思いついたアイデアやあとで調べることをメモしたり、仕事で使えそうなフレーズに線を引いたりもしています。

本には、自分では思いつかない言い回しがあったり、言いたかったことがズバッと端的な言葉になっている文章があったりなどするので、自分で気に入ったところがあればあとから探せるようにマーカーで目立つようにしておくのです。本はさすがにプロが書いているだけあって説得力があり、セミナーで話すときに引用すると参加者にも響きやすいように感じます。

こんなふうに私の本はあちこち付箋やマーカーだらけでにぎやかです。きれいに読む必要はなく、どれだけ本を汚せるかもやってみると面白いと思います。

難しい専門分野は動画視聴も好手段

本当は活字を読んでほしいですが、どうしてもその時間が取れないとか、活字では理解が難しいという場合は動画視聴という手もあります。

私も経営者になって会社の財務や会計のことも知っておかないといけないと思い、テキストを買って読んだのですが、どうも専門用語がいろいろ出てきて難しく、頭に入ってきませんでした。困ったなと思っていたとき、たまたま財務会計の基礎を解説している会計士の動画を見つけました。試しに見てみると、私が知りたかった要点が15分で分かりやすく説明してあり、スムーズに理解ができました。苦しんでテキストを読んだ時間は何だったのか？　と一瞬自問しましたが、それはそれで良い経験だったと思っています。

自分の守備範囲外の専門分野については、具体的な実務は専門職に任せればよく、自分はポイントを理解してああしてほしい、こういう資料を出してなどと指示ができればよいときもあります。詳しい知識までは必要がないというときには、動画がかなり味方になります。

本の知識は思わぬピンチのときに生きてくる

本の知識は思わぬところで役に立ちます。

私は2回ほどフライト中に危機的状況に見舞われたことがあります。下手をしたら死んでいたかと思ったほどでした。自動操縦の飛行機なら悪天候のなかでもコンピューターが答えを弾き出して自動調整をしてくれますが、私が乗っていたのはマニュアル操縦の小型機だったので、自分の頭で考えないといけませんでした。刻一刻と変わる状況で、何を選び取るか。あのとき一つ判断を間違っていたら今の私はいなかったはずです。

私がピンチを脱して生き延びたのは、日頃から一つでも多くのものを得ようと思って貪欲に訓練や勉強をしていたおかげです。本で読んだ一節やニュースで見た一場面がふとヒントになったり、心の支えになったりすることが極限状態ではあるのです。

私は絶対に生き抜くという強い気持ちと、頭のなかに知識やノウハウがあったことで、パニックにならずに最善を尽くすことができました。

私がピンチに見舞われたのは私が特別に不運だったわけではなく、飛行機乗りなら必ず一度や二度はそういう場面に遭遇するものです。空の上にいる以上、ピンチをゼロにはできません。自分にもいざというときがいつか来るのだと覚悟して、なるべくたくさんの知識や情報をインプットしておくことが大事です。

ＰＤＣＡを回すクセをつける

社会で生きていくためには、社会に合わせて自分をアジャスト（調整）していかなければなりません。自分のやり方が通用しなければ、どうすればよいかと常に考えます。アジャストするためにはＰＤＣＡサイクルが必要です。ＰＤＣＡサイクルとは「Plan（計画）→Do（実行）→Check（評価）→Action（改善）」を繰り返すことです。

実はパイロットになるためにも、またパイロットになったあともこのＰＤＣＡを回し続けることが大事なのですが、これができていない人がいます。

パイロットになるというゴールを設定した場合のＰＤＣＡとは、例えば次のようなものになります。

【Plan】パイロットになるための方法を調べて、受験や学費の計画を立てる

【Do】計画に基づいて受験勉強やアルバイトを実行する

【Check】模擬試験で実力を測ったり、預金額を確認したりして、計画どおりに進んでいるかを評価する

【Action】不足や新たな課題があれば、改善策を組み込んだ計画を立て直し、また実行する

最初の計画を立てる際にも、どんなパイロットのなり方があるかをまず調べ、資料を取り寄せたり、説明会や見学会に足を運んで生の情報を集めたりして、自分に合っているかどうかを一つひとつ検証し、最も良い方法を選択する……といった小さなＰＤＣＡがあり

ます。

受験勉強でも今の英語レベルが通用しないと思えば、留学前に半年行ってみようとか、外国人のコミュニティーに参加してみよう、駅前留学はどうかなどの選択肢があるはずです。こうしたPDCAをどんどん回していくことで、少しずつ前進や向上をしていくのです。

PDCAが回せないとパイロットは苦労する

今の若い人たちを見ていると、パイロットになるという大きな目標はあっても、それを実現するための具体的な行動を組み立てられない人が多い印象です。また、実行したことがうまくいかなかったときの対策や計画変更ができない人が多いことも、大きな問題だと私は思っています。

パイロット免許は段階ごとにいくつかの試験にパスしないといけません。段階が上がるにつれて試験は難しくなっていき合格率も下がりますから、周りはパスしていくのに自分だけが不合格になってしまうこともあり得ます。明らかに自分は後れを取っていることが目に見えて分かるシビアさがあるのです。

このとき壁を乗り越えられずにプライドが傷ついて退学してしまう人というのは、たいていＰＤＣＡが回せていません。

自分の何が悪くて何が足りないのかを発見する力がないのです。また気づいたとしても克服する手段を見つけられません。日本人は学生のうちからＰＤＣＡの回し方を教わっていないので、身につけている人が少ないためです。

ＰＤＣＡを回せない人はもし運良くパイロットになれたとしても、その先が続きにくくなります。

パイロットになったあと、モチベーションが落ちてきて仕事が楽しくなくなる人がいるのもＰＤＣＡが回せていないことの証拠です。パイロットになったあとの目標がなく、課題意識もないために何をしたらよいか分からない状態になり、ずるずると失速してしまうのです。

パイロットとしてどうなりたいかという目標や、目標をかなえるために日々どうするかの計画などが立てられれば、新たな目標に向かって邁進することができ、パイロットとしての高みへと上っていけます。

課題の乗り越え方を教えない日本の教育

ＰＤＣＡを回せない人が多いのは日本の教育に問題があると私は見ています。日本の教室で行われている受け身型の教育スタイルがいちばんの原因です。

日本の教育制度が世界のトレンドから後れを取っていることは早くから指摘されてきました。実は日本の教育システムは１５０年前から変わっていません。

欧米では一人ひとりの個性を伸ばす、可能性を引き出すことを目的として、ティーチングよりコーチングが重視されています。授業でも自分で調べたり、解決法などをグループで話し合って考えたりする活動が一般的です。これによってＰＤＣＡが自然に養われていきます。

それに対して、日本はいまだに1教室に30人の生徒が集まって、ひたすら先生の話を聞いています。生徒が授業中に発言するのは先生の質問に答えるときだけ、という受け身型の授業スタイルから脱却できていません。

最近は日本も知識詰め込み型の学習から思考力養成型の学びへと転換しようと、アクティブラーニングやプログラミング教育など新しい学びのスタイルが推進され始めましたが、テストになるとやはり暗記中心です。ＰＤＣＡで大事な考え方のプロセスや課題発見の力などを評価する仕組みはまだまだ不十分だというしかありません。

授業スタイルが変わっても、進学は偏差値による振り分けがなされます。社会に出たあとも東大・京大をピラミッドの頂とする学歴ヒエラルキーが厳然として存在します。テストで良い成績を取った者が優秀とされ、いかにたくさんのことを覚えてアウトプットできるかが重視されるという社会構造が根づいているのです。

こうした学歴社会の構造はパイロット養成にも影響しています。日本のパイロットは学歴社会をトップで勝ち抜いてきた人たちなので、おしなべて学力が高く、真面目に訓練するため飛行技術もあり、マニュアルや規則をよく守るという点が強みだと国際的にもいわれています。おそらく試験勉強の真面目さでは世界一だと思います。１週間後にテストがあると逆算して過去問を解くなどコツコツ勉強できます。特に筆記試験は得意な人が多いと思います。

一方で、社会性やメンタル面の教育を受けてきていないため困難があったときに回避やリカバリーができないといった弱さが目立ちます。

学力だけでパイロットを選んでしまった人は情熱がないため訓練の厳しさについていけません。今までずっとエリートで来たのに、落ちこぼれる自分が許せずに辞めてしまう人が出てくるのです。

どんなに好きなことを追い掛けていても、疲れたり挫折したりすることは誰にもあります。そうしたときに自分でＰＤＣＡを見直し、折れかけた心をケアして立て直せるかが大事で、それができないと長くパイロットを続けていくことはできません。

日本式の教育で育ってきた人は自分にはそうした力が弱いことを自覚して、意識的に身につけるようにする必要があります。

他責でなく自責でものを考える

次に、困難に出くわしたときのメンタルのもち方についてです。困難の原因を他者に求めると改善が難しいですが、自分に目を向けると解決策が見えてきます。

例えば、訓練で何かうまくいかなかったときに、教官の教え方が悪いとか、周りの環境が悪いと言って他人のせいにしたり、その日たまたまコンディションが悪かったなどと言い訳をしたりする人がいます。自分は悪くない、相手や環境やタイミングが悪いという考え方ですが、これは自分の弱さを認めることができないので、反省も改善もしようがありません。相手に文句を言って終わりです。

空の上ではトラブルが起きても、誰かや何かのせいにはできません。整備不良で飛行中にトラブルが起きたら、最終的には機長の責任になります。仮に機体に小さなペンキのはがれがあったのに気づかずフライトを続けたとします。そこから腐食して機体の一部が落下し、地上の人に当たってけがをさせたとき整備士が修繕しないのが悪いという言い訳は通用しません。整備士の落ち度に気づかなかった機長が悪いのです。

そう考えれば、ちょっとした気の緩みがいかに怖いことかが分かりますし、他責でものを考えないで、自責で考えることが大事だということが分かると思います。

ペンキのはがれに気づかなかったのは、自分が点検をおろそかにしたからにほかなりません。その事実を認めるのはつらいことですが、逃げずに向き合える人は次に同じ過ちを繰り返さないように予防ができます。そうやって自分の弱いところを一つずつ改善していくことでパイロットとして成長できるのです。地道な反省と改善の積み重ねこそ成長への近道です。

失敗を恐れないで挑戦する

パイロットを目指すプロセスでは、何度も失敗することがあるはずです。そのとき、失敗をネガティブにとらえるか、ポジティブにとらえるかでも伸び方が違ってきます。

海外の訓練生たちを見ていると、失敗をポジティブにとらえる傾向があります。失敗してもやり直せばよい、次に活かせるから良い経験をしたと考えるので、失敗そのものを怖がりません。

一方、日本の訓練生たちは繊細です。日本では一度やり始めたことは最後までやり通すことが美徳とされ、失敗するとやり直しが利きにくい風潮があるため、失敗したら終わり、成功することにしか挑戦できないというマインドになってしまうのです。

寄り道して考えることやいったん降りたレールに再び戻ってくることがとても難しいのが日本という国です。だからこそ日本の訓練生はもうダメだと思うと、諦めて日本に帰ってしまいます。

海外のフライトスクールの教官も言っていましたが、ちょっと言葉の壁があってコミュニケーションがスムーズにいかないとか、訓練でつまずくなどすると、次の日から訓練に出てこなくなり、教官が連絡しても応じないケースが目立つそうです。

小さなミスを後々まで引きずりやすいのも日本人の傾向だとその教官は言っていました。海外の人の感覚ではたいしたことのない失敗を、周りから笑われる、バカだと思われるのではないかと大きくとらえ過ぎて萎縮してしまうのです。これも失敗＝悪いことと教えられてきた弊害です。

海外の場合は、悩み事があればカウンセリング室があるから相談に行ってみよう、スクールの受付に相談先を紹介してもらえないか聞いてみよう、というように自らアクションを起こします。ミスをしても、それが他人の大迷惑にさえならなければミスは誰でもするものだ、次にリカバリーすればOK、と考える余裕をもっています。失敗をそこで終わらせると本当の失敗になりますが、できるまでやり続ければ成功になるのです。

どうしてもうまくいかないときは、いったん辞めるという選択さえ彼らはします。今の自分には訓練は無理だと判断し、フライトスクールを中退して別の経験を積んでから、再びパイロットを目指すというケースも実際にありました。

日本人はそういう割り切りができないために、悩み事を一人で抱えて、後ろ向きの撤退をしがちです。しかし、それをしてしまうと二度とパイロットになるという夢をかなえることはできません。

もちろん失敗なしに最短コースで頂上まで行けた人は優秀ですが、みんながそんなスーパーマンみたいにはなれません。オリンピックで金メダルを取るような超一流のアスリートでも、何度も失敗して涙をのんでいます。彼らがメダルを取るまでのストーリーを聞くと、みんなけがで苦しんだり、勝てるはずの試合に負けた悔しさをバネにしていたりすることが分かります。これは、むしろ失敗するからこそ経験値を積んで、大きく成長していけることの証拠です。

だから、失敗は恐れずにどんどんしてよいのです。むしろ失敗したらラッキーと思えるくらいのタフなメンタルが欲しいものです。

自分の強みを見つけて伸ばし、自信をつける

日本人にももちろん強みはあります。試験勉強が真面目にできるところは世界に誇ってよい長所の一つです。もともと国全体での教育水準が高いので基礎的な知識や学習習慣が身についているというのは大きな強みです。

繊細で細かい点までよく目配り・気配りができるところも国民性だと思います。どんなに小さな飛行機でも飛行前に何十、何百項目という安全点検をしなければなりません。チェックリストに従って抜け漏れなく点検していくことが求められますが、日本人はこれが得意です。

国にもよりますが大ざっぱになりがちな外国人たちからすると、ルールやマニュアルを遵守する価値観や安全に対する慎重さは、見習わなければならない手本だと思われています。

私はいつも訓練生たちに、パイロットは臆病なくらいが良いと教えています。今日は天候が荒れるかもしれない、だから中止にしようとか、計器が大丈夫かもう一度チェックしようというリスク管理につながるからです。

「ええい、行ってしまえ!」で離陸してトラブルが起きても、飛行機の場合は遅いのです。特にパイロットとしての経験が浅く、力量が十分育っていないうちは慎重過ぎるくらいがちょうど良いのです。

何か一つ、ほかの訓練生には負けないことがあるという自信をもっていると訓練を頑張れます。自分で自分の強みや好きなことに気づくことがまず大事です。自分では強みが分からないという人は、周りの訓練生や教官に意見を求めてみます。すると、気づいていなかった長所を教えてくれるはずです。自分では短所だと思っていたことが、他者の目から見ると長所に映っているというのもよくあることです。

強みが見つかったら、まずできるところを頑張って伸ばしましょう。テストで好成績を取ることでもよいし、誰よりも計器チェックを丁寧にしていくことでもよいし、誰とでも仲良くなれるとか、規則正しい生活ができるとか、スポーツをやっていて身体が強いというのも立派な強みといえます。

一つ強みがあれば教官や周りの訓練生が認めてくれて、自信がつきます。自信がつけばポジティブになれるので、弱みにも向き合う余裕が出てきます。先に弱みのほうに注目してしまうと自信を失ってしまいがちなので、とにかく自分の好きなことや得意なことに目を向けることが大事です。

私を指導してくれた教官も強みを伸ばす教育法の人でした。自衛隊出身で昔気質の頑固な教官でしたが、あまり数学に強くない私に「君に今から数学を教えても無理だろう。勉強してこなかったやつに教えてもその気がなければ無駄だ。それより今できることをしっかりやれ。数学はあとからでも勉強できる」と言って等身大の私を認め、得意なことに目を向けるように力づけてくれました。

そのおかげで、私は数学が苦手でも今の自分を高めていけばパイロットになれると思えて、訓練を頑張れたことを思い出します。

人気者になろうとしない

機長は機内では最高責任者であり、強い権限をもつからこそ正しくその力を使わなければなりません。正しく力を使うために必要なのがリーダーシップです。

リーダーシップは偉そうに命令することや、力で相手を従わせることではありません。マウントを取ることとリーダーシップを勘違いしている人がたまにいるので注意が必要です。

また、チームのメンバーから好かれることが大事だと思っている人がいますが、これも違います。リーダーはその役割から、メンバーに対して厳しく接したり、大げさに注意をしたりしなければならない場面もあります。そのときに好かれよう、嫌われたくない、という気持ちがあると、媚びてしまって適切な指導ができません。リーダーは人気者である必要などない、と割り切ったほうがブレずにリーダーシップを発揮できます。

グレートキャプテンと呼ばれる人たちを見る機会があったら、注意して観察してみるとよいですが、みんな副機長や客室乗務員やグランドスタッフなどと、付かず離れずの適切な距離感を取っています。感情的になり過ぎることもなく、冷徹になり過ぎることもありません。必要だと思えばきついこともビシビシ言います。それでもメンバーがついてくるのは、最後は自分が責任を取るという強い使命感が感じられるからです。

グレートキャプテンたちも一朝一夕に理想的なリーダーになれたわけではありません。長い年月と経験を経て、リーダーシップとは何かを自らも考え、リーダーとはどうあるべきかについて自ら追求してきた結果なのです。

3.［適応能力］
留学中に出会った困った訓練生たち

3つめの資質として挙げたいのは「適応能力」です。適応能力というのは環境、状況、相手に合わせて自分を最適化する力のことですが、これが欠けるとどういうことが起こってくるかという実際のエピソードがあります。

私が通っていたフライトスクールは、筆記試験は自分で受験日を設定することができました。私は今の実力を知っておきたくて受験日を早めに設定し、合格ライン70点のところ68点の成績で一度落ちてしまったのですが、解答用紙の見直しをするとマークシートの段がずれていたことを発見しました。「自分はこういう凡ミスをする人間だ」と自覚できたことで、次の試験には細心の注意で臨み、85点を取ってクリアできました。

一方、私より先に入学していた日本人の訓練生Aさんは、自分で受験日を設定することができず、ずるずると先延ばしにしていました。周りはどんどん合格して卒業していくのにAさんだけがいつまでも残っています。

私はAさんがどうしてなかなか試験を受けないのか気になって、どうしてさっさと試験を受けないのかと聞きました。すると、まずは試験をパスしないとライセンスがもらえないからだとAさんは返したのです。確かにそうですが、試験はパイロットになるための通過点に過ぎません。試験一つにそんなにこだわっていると通過点で止まってしまい、先に進めないという矛盾には気づいていないようでした。

私はAさんを応援するつもりで、日々の訓練をしっかりと受けて理解しているので、必ず試験に受かると伝えたのですが、Aさんは自分はそんなに器用じゃないと言って試験を受けようとしません。受験日の決断すらできないようでは、それこそパイロットになれないと言いたい気持ちを私はのみ込みました。

Aさんは教官からも早く受験しないと帰国までに間に合わないと急かされましたが、それでもグズグズしています。さすがに見かねた教官が予約しておいたから受けなさいと言って試験を強制しました。教官は呆れていましたが、そこまでされてAさんはようやく過去問を解き始めたのです。受験日が決まったことで逆算して1日に過去問をどれだけ解けばよいかを割り出すことができたようでした。つまり、タイムリミットを人に決めてもらわないと、自分では決められなかったのです。Aさんは学力こそ高いのですが、自分で状況を読んで臨機応変に行動するというのが苦手でした。

もしあの頃の自分に今の知識やノウハウがあれば、こうするとよい、こういう考え方をしてみればなどとアドバイスができたのですが、当時の自分には見守ることしかできませんでした。

結局、Aさんは帰国の3日前という本当にギリギリのタイミングで卒業はできました。しかし、教官にははっきりと「君はパイロットには向いていない」と言われていました。

本人はどうしてもパイロットになりたいと言っていましたが、社会性も決断力も適応力もなさ過ぎるという教官の評価でした。無事に就職できたのかは分かりません。

また別の訓練生Bさんの話です。Bさんは集団生活になじめず、自分勝手な行動や不注意が生活全般に目立ちました。例えば、寮の冷蔵庫を使う際に扉を開けっぱなしにしてしまいます。開けたら閉めてほしいことを伝えると、気づいた人が閉めればよいと返答する始末でした。コーヒーメーカーを使えば、容器が空なのに保温スイッチをつけっぱなしにしてしまいます。まさか容器が加熱されているとは知らない私は素手で触って、やけどをしかけたことがありました。

目に余る不注意が多いため教官もたびたび注意をしていましたが、本人は自分の行動を省みる余裕がありません。慣れない環境で、自分がどう行動すべきかが分かっていないのです。

そんなことが続いたある日、ヒヤリとする事件が起こりました。基本的に、飛行訓練から帰還したらマスタースイッチを切り、鍵を抜いて完全に電源オフの状態にしなければならないと習います。そうしないとエンジンが誤作動を起こして、飛行機が勝手に動いてしまうことがあるからです。

Bさんはこの初歩的なルールを怠りました。マスタースイッチが入ったままの飛行機に、次に乗ったのは私です。電源を入れっぱなしのまま格納庫に置いてあったことは気づきました。そのため飛行前点検は念入りにしたのですが、私が離陸した直後バッテリーが上がってしまい、夜間のフライトなのに飛行機のライトがつかなくなってしまいました。さらに管制塔とのやり取りをする無線機も使えません。

無線で教官の指示を仰ぐこともできず、自力でなんとかするしかありませんでした。私は飛行中に無線やライトが使えなくなった場合のシミュレーション訓練を思い出し、どうにかパニックにならずに帰還できましたが、一歩間違えれば墜落していた可能性があります。

ほんの小さなうっかりミスが仲間の命を奪ってしまうことにもなるのです。

適応力を高めるには修正能力が不可欠

物事に適応するためには修正能力が必要です。Bさんの場合でいえば、冷蔵庫は開けたら閉めなければいけないと注意されたときに、自分で気づいて修正することができていれば、そのあとに危ないミスを連発することはなかったはずです。習慣というのは全部つながっているので、冷蔵庫のドアに気をつけることで、ほかの行動もだんだんと気をつけるようになっていくものです。

自分をアジャストしていくことができない人は、いつまで経っても適応能力が身につかず、周りに迷惑を掛けたり、自分が損し続けたりすることになってしまいます。

物事がうまくいかないときや問題が起きるときというのは、なにかしら不具合が起きているときだと考えて、自分の言動を振り返り、修正点を探すことが大事です。自責と他責にも通じますが、原因は自分の外ではなく内にあるという前提で、自分のネックになっているのは何だろうか、と見ていけば、問題のありかに気づくことができ修正していけます。

人から問題を指摘されたら、気分を害するのではなく、自分で気づかない修正点を教えてくれているのですから、ちゃんとありがとうと礼を言うべきです。

どこのフライトスクールの教官も、将来的に成長・成功するパイロットというのは間違いを指摘されたときに素直に聞いて修正する能力がある、と口をそろえて言います。訓練の進捗やカリキュラムに文句を言う人は脱落していき、自分を合わせにいくことができる人は一気に伸びていくといいます。

自分流はどこまで許されるのか　パイロットは法律と安全が優先

人から指摘されたら感謝はすべきですが、全部をうのみにして従えというわけではありません。自分流を大切にすべきか、修正すべきかで迷ったら、法律と安全を基準に判断するとよいです。

車の運転でも赤信号のときは停止線の手前で止まるという道路交通法の規則がありますが、ブレーキの踏み方には法律がありません。教習所で急ブレーキは良くないため、停止線の○m手前から3段階でブレーキを踏んで、ちょっとずつスピードを落とすように、と習ったとしても、車によってブレーキの利き方が違うので教習所で習ったとおりでは停止線を越えてしまうこともあります。そのとき、自分流で今の車に合ったブレーキの踏み方をしていくことになります。

このとき大事なのは、停止線の手前で停止するという法律であり、教習所の教えどおりにすることではありません。

つまり、法律と安全を守っていれば、自分流であってもなくても大きな問題ではないということです。飛行機の操縦もまったく同じで、危険だったりルール違反だったりしなければ、自分なりのやり方があっても構いません。

飛行機に関するルールは国際航空法で定められており、全世界の空で共通です。国際航空法の下の位置づけで国内航空法がありますが、国際法とは矛盾しません。

適応能力は部活動やアルバイトで鍛えられる

では、適応能力を鍛えるために何をすればよいかというと、部活動やアルバイトは積極的にやるとよいです。部活動は運動系でも文化系でも構いませんが、個人でやるものよりは複数・集団でやるものが適しています。仲間同士なので率直な意見を言いやすく、ダメ出しをしたりされたりすることで、修正能力を鍛えることができるからです。

意見交換をすることで価値観が広がったり、協調性が高まったりするのもメリットです。大会で優勝するなど一つの目標に向かって、みんなでPDCAを回していくことも学んでいけます。PDCAは机に座ってするよりも、身体を使って覚えていくほうが頭に入りやすいかと思います。また、チーム内での自分の立ち位置や役割を考えたり、リーダーシップについて考えたりする機会もあるはずです。

アルバイトは居酒屋のホールスタッフなどが最適だといえます。初めてのお客さんとコミュニケーションを取る機会が多いからです。

パイロットを目指す人は学力が高いので、塾講師や家庭教師などをすることが多いかと思いますが、先生と呼ばれて大切にされるという点で、パイロットの世界と近いものがあります。それよりもあえてエリートがやらないアルバイトをしたほうが、一般社会のなかの自分のポジションというのが分かります。

特に居酒屋はお酒も入って本音が出やすい場ですから、いろいろな人のリアルな姿を見ることになります。学歴があっても居酒屋ではただの若いスタッフとして、結構雑な扱いをされます。粗相をすれば怒号が飛んできますし、粗相をしなくても理不尽に怒られることがあります。そのとき、どう対応するかで適応能力が養われます。今までの自分の価値観が通用しない世界に触れることが勉強になるのです。

4. ［判断力・決断力］

上空での状況判断はスピードが勝負

パイロットの仕事で最も大事なのは、事故やトラブルをいかに予防するか、最小限にとどめるかです。これを可能にするのが判断力・決断力です。具体的な状況を想定して考えると、パイロットに求められる判断力・決断力がどのレベルのものかが分かります。

あなたが操縦する飛行機が東京上空で、突然エンジンが停止しました。あなたは被害を最小限にするために、どんな方法を取るべきかを考えます。

飛行機にはパラシュートが搭載してあったとしたら、これを使えば自分は脱出できます。ただし、操縦士がいなければ飛行機はコントロールを失い、地上に落下してしまいます。都心にはたくさんの人が暮らしていて被害が甚大になるのは間違いありません。乗客がいればその命も奪われます。

近くの海まで飛んで、そこで不時着をすることは可能です。しかし、その場合、機体は頭から突っ込むことになるので、コックピットにいる自分は着水の衝撃で死ぬか、大けがは避けられないはずです。乗客のうち何人かは生き残れる可能性もあります。

パイロットはこうした状況に応じてすばやく行動を起こす判断力・決断力を求められます。どちらを選ぶか、ほかにも最善策はないかを瞬時に判断しなくてはならないのです。私はこうした状況で自分の命を犠牲にしてでも乗客の安全を守ることやその後の被害を防ぐことを優先できるかどうかがパイロットとしての覚悟だと思います。

優柔不断はリスクを増大させる

空の上での優柔不断はリスクを増大させます。どうしよう……、と迷っているうちに、刻一刻と事態は不可逆的に悪化していくためです。もし時速５００㎞で飛ぶ旅客機がエンジン停止すれば、最も滑空比が良い状態（長く飛べる状態）でも、０・４時間（24分）しか飛べません。垂直落下をした場合は、数分ということもあります。

そんな短時間のうちに機体を立て直す方法を試したり、管制官とのやり取りをしたり、エンジンが回復しない場合の墜落に備えたりといったことをしなければなりません。もし墜落が決定的となっても、どこに落ちるか、どういう姿勢で落ちるかによって被害の大きさが変わってきます。被害を最小限にする落ち方を正確に予測して、答えを選び取らねばならないのです。

飛行機トラブルは一度起きてしまえば、いくらメカニズムに強くても上空で修理などできませんから、その場でできる最善を選択するしかありません。

特にレスキュー隊のヘリコプターでは、こういう究極の選択が日常的にあります。吹雪や嵐で荒れ狂う中をかいくぐって、レスキュー活動をしなければなりません。大きく揺れる機体、一瞬で変わる天候や風向き、一秒を争う遭難者の健康状態……そういった状況を見極めながら、ベストポジションを維持する操縦をしなければならないのです。

避難者が複数人いて一度には救助できない場合は、救助の優先順位をつけなければならないことも出てきます。次の救助ヘリを待つ間に失われる命がある可能性もあります。それでもパイロットは救える命から救うために、無心になってヘリコプターをコントロールしなければなりません。高度な操縦テクニックはもちろんのこと、冷静かつ研ぎ澄まされた判断力・決断力が問われます。

万が一をシミュレーションし、代替案を用意する

瞬時に何かを選び取るためには、事前のシミュレーションが大事です。事故やトラブル

を想定して、こういう場合はこうするというのを頭と身体に叩き込んでおくのです。そうすれば、実際の事故やトラブル時でも身体が反射的に動きます。

また、幾通りかのプランが常に頭のなかに用意できていることが大事です。AがダメならBかCでいく、BよりCのほうが状況的に適切だ、というように代替案があれば、よりベターな選択ができます。

トラブルのレベルは客室でトラブルがあったときに空港に引き返すかどうかや、さほど重大ではないが、ちょっとした異常を知らせるランプがついた場合はどうするか、などの命に関わらないものから、墜落するかもしれないという深刻なレベルまで、いろいろなものが想定できます。過去のトラブル事例などを参考にして、自分だったらこうする、この方法がダメなら、どういう方法があり得るかということを考えるのが、いちばんリアルな練習問題となります。航空機の事故事例集なども探せばあるので、気になる人は読んでみるとよいと思います。

スポーツは瞬時の判断力を鍛えるのにもってこい

一瞬で物事を判断して動く力はスポーツによっても鍛えられます。脳科学の研究でも、運動によって脳が活性化され判断や決断のスピードが上がることが確認されています。

オリンピックの試合などを見ていても、選手の反応の速さは尋常ではありません。あれは相手の動きを一瞬でとらえて、どこを攻めれば倒せるかを計算し、最も効率的に倒せる方法を選んでいるのです。光速よりも速いのではないかという動きは、もともとの才能もあるとは思いますが、やはり日頃のトレーニングのたまものです。何度も何度も同じシチュエーションや動きを繰り返すことで、脳に神経回路がつくられ、条件反射的に動くことができるようになります。

パイロットの判断力・決断力も究極の場面ではこれに匹敵するレベルが求められますから、日頃の鍛錬を習慣化して少しずつでもスピードアップを図りたいものです。

本の一節や名言が役立つこともある

判断力や決断力は経験によって精度が高まっていきますが、以前に本で読んだこと、誰かが話していたことなど、ちょっとしたことがヒントになって決断に役立つこともあります。

例えば、アメリカの実業家ヘンリー・フォードの名言「決断しないことは、時として間違った行動よりたちが悪い」が頭にあれば、難しい選択も勇気をもってできるようになるのではと思います。

「バスケットボールの神様マイケル・ジョーダンの名言「一度決断を下したら、それについて再考することはない」を心に浮かべれば、自分の決断についてあとからくよくよ悩むことが減ると思います。

人の意見を聞く柔軟性も大事

判断力・決断力を高めるうえでは、人の意見を聞くことも大事です。コックピットには機長と副機長がいて、二人で協力しながら安全な航行を実現します。副機長からこういう方法はどうかと進言があったとき、機長は自分の考えと副機長の考えを天秤に掛けてどちらがベストかを判断し、機長の責任において選び取るのですが、ワンマンな機長になると自分の意見が正しいと決め込んで、進言に耳を貸すことができません。すると、判断を誤ってしまうことが出てきます。

過去の航空事故でもボイスレコーダーを確認すると、コックピット内で機長と副機長が言い争っている記録が残っていることがあります。非常時に言い争いをしている時間ほど無駄なものはありません。

他者の意見を聞き過ぎて惑わされるのはいけませんが、自分の考えにだけ固執するのも危険なことです。パイロットには常に人の話を受け入れる柔軟な心と、自己責任で一つを選びきる強い心の両方が必要なのです。

5．［広い視野］

パイロットは道に迷いにくい　その理由は視野の広さにあり

ここでいう広い視野とは、①目の視覚機能としての広角、②多角的に考える力・柔軟性の2つの意味があります。

まず視覚的な話でいうと、パイロットは視覚が鋭く、観察力の高い人が多いです。

私の会社には複数のパイロットが在籍していて、よくパイロットあるあるの話で盛り上がるのですが、道に迷いにくいというのはみんな同意です。

初めて行く街でも目的地にほぼ最適ルートでたどり着くことができます。なぜそういうことができるのかというと職務上の特性からです。

空には道がないため、パイロットは上空でいつも目印になるようなものを手掛かりにして飛んでいます。山の方向はあっち、川は東西に流れているから左手に見える街は○○駅のあたりだ、あと何km直進すれば目的の空港がある、というように考えます。

また、機長は機内秩序を守る使命があるので、客室の様子にも目を配らなければなりません。客室乗務員の動きや会話の端々からこの2人はギスギスしているのかな、今日は元気がないな、と察知する情報処理能力が求められます。ちょっとした人間関係や体調の異変から事故を招くことがあるため、トラブルの種に敏感でなければならないからです。

こうした職務を行っているうちに必然的に観察力や視野の広さが養われ、その感覚が地上でも生きてくるのだと私は分析しています。

ですからパイロットは、パッと物を見ただけで何が何個あるか、どんな配置だったかをとらえたり、前方で動いている物体がこちらに向かっているのか遠ざかっているのかを把握したりといったことが得意です。

繁華街を歩いていても、どこに何があるかを無意識のうちに情報処理していて、目的地を目指すことができます。私の場合は看板の文字まで瞬時にとらえる能力があるようで、歩きながら、あの言葉はマーケティングで使えるな、などと収集しています。

パイロットではないスタッフからはよくそんなところまで見ていると感心されますが、指摘されるまでこれがパイロットの特性だとは思っていませんでした。

目端が利くということは先の予測が立てやすいことにもつながります。街を歩いていても、あの曲がり角から自転車が飛び出してくるかもしれない、あそこの地面がぬれているから滑りやすそう、というように早めに察知して注意をすることができます。

視覚的な能力はパイロットになれば鍛えられていくものですが、逆にパイロットになる前から意識しておけばアドバンテージになります。パイロットになったとき上空で迷いにくく、危険を察知する精度が高まるということです。

視野の広さと思考の柔軟性は比例する

視覚的な意味での視野の広さと、内面的な意味での視野の広さ（考えの幅・柔軟性）には相関関係があるように思います。つまり、視覚が広くて物事をよく観察している人ほど、考え方も柔軟である傾向があるのです。逆に、視野が狭い人は物事の考え方も狭くなりがちで、不測の事態のときにパニックを起こしやすい特徴があります。

なぜそういえるかというと、視野が広い人は想定外のことが起きても、柔軟な思考で違うアイデアを考え出して対処ができますが、視野が狭い人は別のアイデアが浮かばないので頭が真っ白になり、慌ててしまうのです。

例えば、地上業務で上司から予定外の急ぎ仕事を頼まれたとき、考え方が柔軟な人はその日のスケジュールをざっと見て、仕事の優先順位を変更することができます。ＡＢＣの順でやろうと思っていたが、Ｄの仕事が入ったためＤＡＢの順番でやることにし、Ｃは明日に回しても間に合う、というふうに対応します。

これに対して、考え方が狭い人はうまく融通を利かせることができません。今日はもうＡＢＣだけで手いっぱいなのに、Ｄも追加するなど不可能だ、となってしまうわけです。

視野の広さは確実に仕事に影響をもたらします。

視野の広さは人間関係にも影響する

視野の広さは人間関係にも影響を及ぼします。視野の広い人はその柔軟性から多様な価値観の人と付き合うことができますが、視野の狭い人は自分の理解を超える人とは付き合えないので、自ずと人間関係の幅が狭くなってしまいます。

また、柔軟性がないと心に余裕がないので、ストレスに対して弱くなります。そして、そのストレスを他人に向けがちです。無理な仕事を平気で頼んできてひどい上司だ、私が困っているのに誰も助けてくれないというメンタルです。

そうすると、ますます人間関係が難しくなってしまい、職場で浮くことにもなってしまうものです。

視野の広い人は情報収集も上手

視野が広い人は情報収集もうまいように感じます。人間関係が広いので情報がたくさん集まってくるというのもありますし、情報収集の重要性を知っているので自分から求めていくこともできます。

本好きには視野の広い人が多く、情報収集が上手です。パイロットになりたい人のなかにも、人があまり知らないような情報を知っている人がいて、離島へ渡る小型チャーター機がある、移植用臓器を運ぶ専用機がある、など話題も豊富です。視野が広いと相手に合わせて話題を選び、場を楽しませることができるので自然と周りに人が集まってきて、さらに人間関係が広がるという、好循環が生まれます。視野の問題ですが、仕事をするうえではあちこちに影響があるのです。

ラジオを聞くと視野が広がる

今はネットニュースやSNSから情報を得ている人が大半だと思います。最新の世界情勢を知りたいときやニュースの続報を知りたいときなど、自分から情報を取りにいくときはネットの記事が便利ですので、私も活用しています。ですが私は、あえてラジオを聞くようにしています。

ラジオを聞くのは、特に目的なく雑多な情報に触れるためです。自分で情報を選ぶのではなく、ラジオから勝手に流れてくる情報を聞くことでさまざまなジャンルの情報に触れることができます。

私は時間があればラジオを流しっぱなしにしています。そして、ちゃんと聞くのではなく聞き流します。本でつまみ読みするのと似ているように思います。なんとなく聞き流していても、興味のあることは耳に引っ掛かって記憶に残ります。無意識で聞き流していたことが、あとでふとしたときに、そういえばラジオでこんなこと言ってたなと想起され、役に立ったという経験も一度や二度ではありません。

テレビは画面を見ないといけないので用事の手が止まりますが、ラジオはほかのことをしながらでも聞ける点も気に入っています。音声だけの情報なので想像力を働かせる練習にもなります。

多様なコミュニティーとの接点を増やす

視野を広くするためには自分はパイロットだから業界の人とだけ仲良くできればよいという話ではなく、むしろ業界外の人といかに触れ合えるかが大事になってきます。身近なところでは整備士や客室乗務員や事務職員など、職場の他職種の人と積極的に交流するのです。それぞれの現場で何を思いながら働いているのか、どんな性格・考え方の人なのかが分かることで、チームづくりにもなります。

いろいろな国に行って多文化に触れるのも、日本人とは違う考え方を身につけるという点で有益です。

例えば日本人は時間に正確な国民性で、電車は時間どおりに運行するものと思って暮らしています。だから少しでも遅延があれば利用客はイライラし、なかには駅員に怒鳴り散らす人さえ出てきます。しかし、海外に行くと電車は遅れて来るのが当たり前なので少し遅れたからといって目くじらを立てる客はまずいません。

日本のように時間に正確なことはすばらしいことですが、海外のように時間に縛られ過ぎないのもまたすばらしいことです。自分とは異なる価値観の人と交わることで、一つの物事にも多面性があることに気づけ、どちらが正解・不正解ということはなく、バランスが大事だということが学べるのです。

自分のやり方がうまくいかなければ、あの人がやっていた方法を試してみよう、あの人だったらどう考えるかな、と別の視点で考えてみることで、やり方にバリエーションが出てきます。それが判断力・決断力でいうところの代替案を用意することにもつながっていきます。

とことん本気で趣味を楽しむ

私は訓練生にも自社の社員にも本気で趣味をやれといつも言っています。趣味は好奇心を伸ばすことと、社会性を伸ばすこと、視野を広げることに役立ちます。

私も趣味人間です。少しかじって満足する趣味もあれば、かなり熱中した趣味もあります。この前はボクシングジムに行ってきました。3分間、本気で殴り合うと体力は限界に達するというのは本当か、という疑問が自分のなかで湧いて、それを確かめるために行ったのです。パンチの打ち方などを教わって実際に3分間やってみましたが、想像していたよりはるかにきついことが分かりました。

素手でパンチを打つのと違い、重いグローブを装着してのパンチなので、手を前に出すだけでも大変です。しかも足でリズミカルにステップしながら、サッと拳を出してサッと引かなければなりません。意地で3分やりましたが、心のなかでは半分過ぎたところでヤバいと思っていました。

ボクシングは疑問が晴れたことで納得してそれきりですが、釣りや模型作りはセミプロレベルです。

今の会社を始める前は自分の時間がもっとあったので、有名釣具メーカーのBS番組に出演したり、フィッシング雑誌に記事を寄稿したりしていました。飛行機模型作りでは、コンテストに応募したり、男性向けの趣味雑誌に特集を組んでもらったりなどしました。

趣味はリフレッシュに良いだけでなく、さまざまな人や環境と触れ合うことで適応力が養われます。趣味の仲間と情報交換するのも楽しいですし、困ったときに業界外の友人からの意見が意外にヒントになることも多いです。また趣味を本気でやればやるほど粘り強さを養えたり、仕事では得られない気づきが得られたりします。
軽い気持ちでやると表面的な効果しか得られないので、本気でやるのがポイントです。

6．［健康］
健康管理はパイロットの仕事のうち

パイロットは健康でないと務まらない仕事です。上空でパイロットが倒れでもしたら、それこそ機内にいる多くの命を危険にさらしてしまいます。心と身体の健康づくりはパイロットの使命であり、仕事の一部だと考えるべきです。

健康を害した場合に具体的にどのような影響を周りに与えるかというと、定期的に行われる航空身体検査に引っ掛かると乗務ができません。誰かが操縦を代わるにしても同僚に迷惑が掛かります。パイロットによって操縦できる飛行機や路線の資格が違うので簡単には代わりが見つかりません。代役を立てるためには機種を変更したり、ほかの路線からパイロットを異動させたりなど大掛かりな対処が必要になる可能性があるのです。

欠航になれば会社はチケットの払い戻しなどの利益損失およびブランド価値・株価の低

下などが生じます。会社はパイロットを育てるために数千万円という費用と何年もの時間を掛けていますが、パイロットの自己管理の甘さ一つで、それらを無駄にしてしまうことにもなるのです。

パイロットはただの組織の歯車ではなく、組織の支柱となる重要な存在であるという使命感や、重要ポストだからこそバックグラウンドで支えてくれている多くの人がいることを忘れてはいけません。

国際線のエアラインの場合は特に不規則な生活になります。毎日8時に出社して18時に退社といった規則的な勤務ではなく、夜勤もあれば12時間を超える長時間フライトも日常的にあります。また海外では高脂肪・高炭水化物、高カロリーで味の濃い食事が多くなってしまいます。そのため運動不足や食べ過ぎ、生活リズムの乱れなどの問題が起きやすく、健康管理が重要になってくるのです。

パイロットの身体検査は他職種よりかなり厳しい

パイロットが飛行機を操縦するためには、操縦技能が基準レベル以上であることを示す技能証明が必要となります。また、健康状態が基準を満たしていることを証明する航空身

【図３】身体検査で不合格のパイロットは年間1000人以上

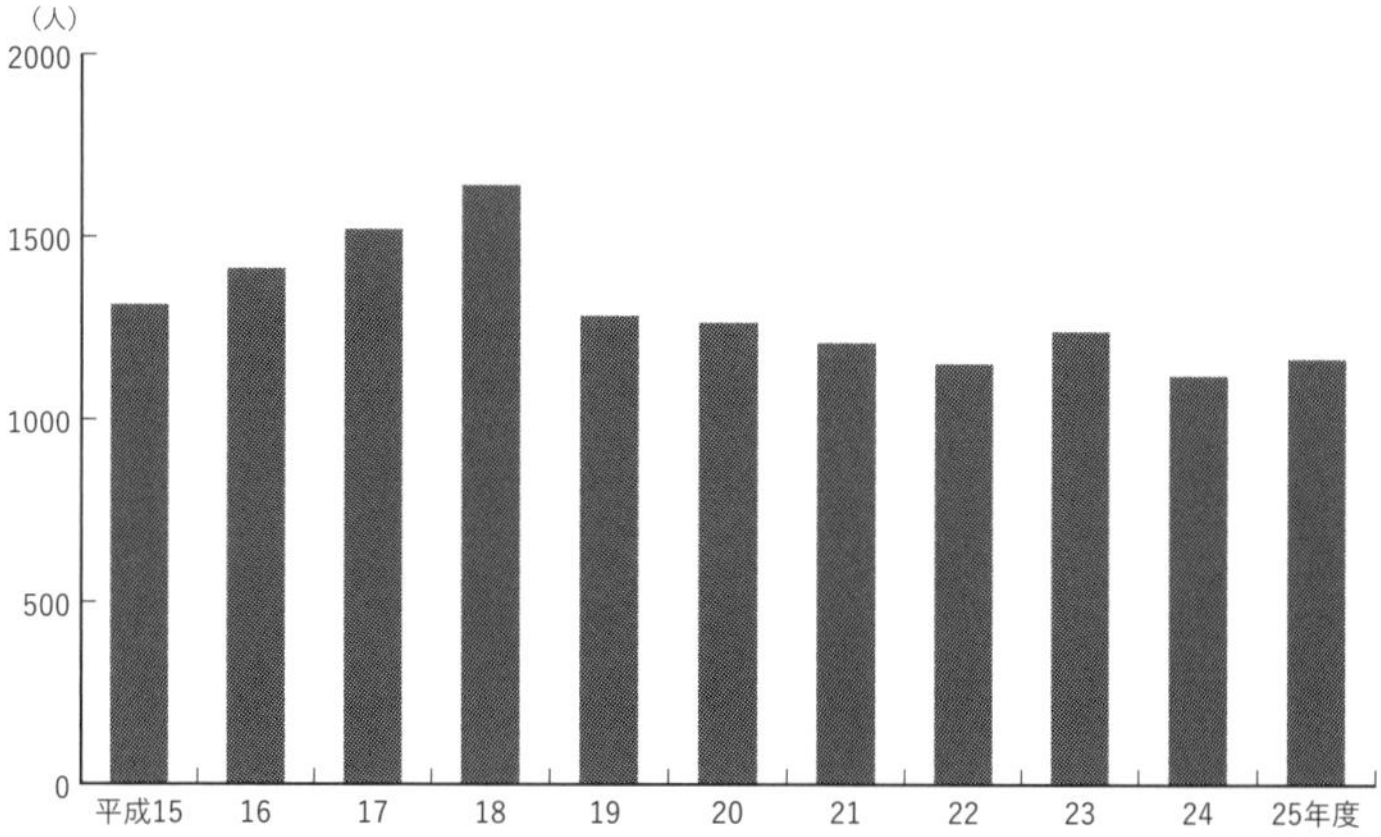

出典：産経新聞「国交省の審査会にかけられる年間の検査『不合格』人数と推移」を基に著者作成

体検査に合格することも求められます。

航空身体検査は通常年1回行われ、その都度合否が判定されます。不適合となった場合は直ちに乗務停止となるか、条件付きの合格となり医師の診断・治療などが課されるかします。航空身体検査に合格すると1年間有効の証明書が発行されますが、途中で病気になり不適合状態になれば、その時点で直ちに乗務停止となります。

年間1万人余りが身体検査を受けますが、不合格者は1000人以上です。いかに厳しい基準かが分かると思います。

航空身体検査に加えて、労働安全衛生法に基づく健康管理も必要で、年2回の健康診断が義務づけられています。うち1回は航空身体検査に置き換えることができますが、パイロットは毎年2回の身体検査を受け続けなくてはならないのです。

日常業務においても、乗務直前の打ち合わせ時に毎回健康状態を確認しなければなりません。アルコール検知管を用いての呼気検査も行います。薬剤の使用も厳しく制限されているため、安易に薬は服用できません。風邪薬を乗務前にうっかり飲んでしまい、操縦中に眠気を催すなどはプロとして失格です。

身体の病気は客観的な指標があるので異常に気づけますが、メンタルな病気は周りに気づかれにくいのが課題です。

健康になるとパフォーマンスが上がる

パイロットでいる限り健康管理はついて回るものなので、日頃の習慣がとても大事になってきます。現役パイロットはみんな健康情報を収集して日常生活のなかで何ができるかを考え実践しています。

私は自社サイト内で「パイロットと健康」というコーナーを連載しているのですが、パイロットを目指す人や現役パイロットから非常に参考になるとの声をもらっています。紹介している内容は、私自身が自分の身体で実験し、効果があると確信したものについてのレポートです。

私は筋トレと食事制限によって1カ月で8kgのダイエットに成功しました。筋トレはそれまでも行っていましたが、効果を考えずに行っていた点を改め、一つひとつの筋肉を意識して行うようにしました。全身をバランスよく鍛える日、腹斜筋をピンポイントで鍛える日、下半身を集中的に鍛える日……というように、自分が鍛えたい箇所を意識しながらプログラムを組んで実行しています。

食事については1日1食や1回の量を少なく食べたり、ロカボ、ローファットなど栄養学やダイエットの本を参考にいろいろ試したりして、自分に合う方法を探しました。

例えば炭水化物は食べれば食べるほど中毒性があり、脳が糖質を摂ろうと指令を出してきます。小腹が空いたときに手軽で安く食べられる菓子を口にするのではなく、価格は高くても肉を焼いて食べるほうが満足感もあって代謝アップにも良いと知り、実践しました。

その結果、体脂肪率は27%から12%まで落ち、身体が強くなって疲れにくくなっただけでなく、仕事のフットワークも軽くなりました。今は多忙で2~3週間トレーニングができないことがあっても、食事の調整だけで体重・体型はまったく変わりません。

身体が変わる以外にも、メンタルが強化されてポジティブ思考になったり、判断力・決断力が研ぎ澄まされたりといったメリットを実感しています。時間の使い方も上手になりました。サクサク仕事がはかどるので、新しいことにもチャレンジできます。

こんなふうに時間や身体や精神のマネジメントがうまくなり、仕事のパフォーマンスが格段に上がったことで、実践して1年ですが社員数が増え、会社の業績も右肩上がりで、IPOも視野に入るほど成果は確実に出ています。

肉体・精神・時間の支配とその効能

運動と食事によってもたらされる3つのメリットのことを、私は肉体・精神・時間の支配と呼んでいます。

- 肉体の支配…身体を鍛えることにより体力がつき仕事の効率が向上
- 精神の支配…身体を鍛え、食生活の見直しで精神衛生状態が向上
- 時間の支配…運動を習慣化することによりスケジュールを効率良く組み立てられる計画性が向上

この3つの支配の具体的な効能について理解しているかどうかが、今後のパイロットと

してのパフォーマンスを左右することになるのです。

●肉体の支配とその効能

パイロットは高いレベルでの健康維持を求められる一方で、健康を害しやすい職業です。

フライト前の飲酒を制限されているので、飲めるときにタガが外れてとことん飲んでしまう人がいたり、暴飲暴食して高血圧や脂質異常になったりすることもあります。また、長時間座った姿勢で操縦するので股関節の筋力が弱まり、歩行力が落ちて活力や精力が落ちやすくなるという研究結果があります。さまざまな条件が複合的に重なることで、パイロットは短命であるといわれています。

病気になれば薬で治療やコントロールをすることになりますが、薬には必ず作用と副作用があります。困るのは副作用で、血圧の薬は飲み忘れると反動で血圧がはね上がったり、メンタルの薬は調整が難しく、効果が切れると気分のアップダウンがあったりします。風邪薬や花粉症の薬も眠気などの副作用があります。

これに対して、適度な運動は作用が期待できるうえに、副作用は筋肉疲労と筋肉痛くらいで特にありません。その筋肉疲労や筋肉痛も、自律神経やホルモンバランスを整えるために起こるもので、むしろ望ましい反応といえます。そういう意味で運動は薬よりも優れているのです。

アメリカのスポーツ医学会が２００７年に、「運動は薬である」というフレーズを提唱しました。医聖と呼ばれる古代ギリシャの医師ヒポクラテスも「歩くことは最良の薬」という言葉を残しています。

私は筋トレと水泳を主に行ってきましたが、時間にすれば着替えなどの準備を含めて１時間ほどで、実際に集中して身体を動かしているのは20〜30分くらいです。たったそれだけの運動でも肉体を鍛えることで体力がつきました。連続で出張するなど多少の無理をしても、もっと若かったときより疲れません。

疲れずに集中して仕事ができることで業務全体の効率が上がりました。前は１日で終わらなかった仕事量が今は半日で終わります。業務のスピードと質と量が目に見えて上がったのです。

●精神の支配とその効能

運動はメンタルヘルスにも効果的であることが近年さまざまな研究から明らかになっています。うつ病と診断されて薬を飲んでいた人が毎日ウォーキングをしたことで減薬や薬なしでもメンタルが安定するようになったというデータや、抗うつ薬よりもウォーキングやジョギングのほうがうつ病の再発が少ないというデータなどです。

これは一定のリズムで身体の筋肉を動かす有酸素運動によって、脳の情報伝達物質であるセロトニンやエンドルフィンが活性化するからです。セロトニンやエンドルフィンには心が落ちつき、ポジティブな思考になる作用があります。

だから日頃から運動している人は落ち込んでも立ち直りが早いのです。それに、もともと健康になるために運動しようというマインドからスタートしているので、落ち込んでいても健康になれないことを理解しています。どうすれば立ち直れるかを考えて行動しようというマインドにすぐ切り替えることができるのです。

メンタル安定化によって相手に対しても寛容になれるため、人間関係が良くなるというデータを見たことがあります。確かカップルの悩みの6割が運動で解決するという話でした。運動や食事に気をつけているカップルは、互いを言葉で傷つけたりケンカしたりすることが少なく、前向きな議論ができるので歩み寄れるのだそうです。

私は食べるもので身体がつくられるのと同じように、精神もつくられると考えています。パンを多く食べる人はうつ病になりやすいという研究結果がヨーロッパで発表されました。小麦食品は、炭水化物（糖質）そのものの中毒性に加えて、小麦粉に含まれるグルテンにも強い中毒性があるそうです。コンビニでついパンやパスタを選んでしまう人は要注意かと思います。

さらに、グルテンは脳の海馬に悪い影響を与えるとともに、消化に負担を掛けて腸内環境を悪くします。腸内環境が悪くなると、うつになりやすいことが分かっています。腸脳相関といいますが、生物にとって重要な器官である脳と腸が互いに密接に影響を及ぼし合っているのです。

例えば神経伝達物質のセロトニンは90%が腸に存在しています。腸内環境が悪くなると、幸せホルモンのセロトニンが脳内で不足し、気分や睡眠に影響してメンタル不調が引き起こされるのです。腸が第二の脳といわれるゆえんです。

欧米人は昔から小麦を食べてきたのに、現代人だけうつになるのはなぜかというと、昔の小麦にはグルテンは多く含まれていませんでした。今は品種改良によってグルテンの多い小麦になっているのです。小麦粉や小麦食品でもＧＦ（グルテンフリー）の表示があるものを選べば、糖質の中毒性はともかくグルテンによる影響は避けられます。

こんなふうに運動と食べ物に気をつけることで、私自身は悩むことがなくなりました。まず運動による肉体の支配で成果が出たことで自己肯定感が高まったことと、食事改善でメンタルがポジティブ思考になったことが理由だと考えています。

運動や食事のルールを決めてそのとおりに実行するためには自分を律することが大事で、私はそれを自己規律と呼んでいますが、今は自己規律という太い芯が自分のなかに一本通った感じがあります。そのおかげでブレることなく物事を進めることができ、自分の行っていることが正しいと思えるようになりました。

●時間の支配とその効能

運動を軸にして毎日の生活を組み立てることで、時間の使い方が上手になりました。

実際にトレーニングしている時間は1日20～30分くらいですが、ギュッと内容を濃くした効率の良いトレーニングをしています。

1日のなかで朝8時から運動をする、いつ何を食べる、という時間がまず決まります。すると、その時間から運動するためには起床は何時にすればよいか、夜は何時までに入浴し就寝するかなどが決まってきます。プライベートの時間が決まれば仕事に使える時間が決まるので、限られた時間のなかでやるべきことを片づけていこうとします。その結果、時間のやりくりや優先順位のつけ方、リスケの能力が上がりました。

以前は、今日は会社を19時に上がろうと思っていたが仕事が残っているから20時でもいいか、と思ってしまいだらだら作業をして結局21時まで掛かってしまう……といったことがよくありました。しかし今では必ず19時に上がれるように、短い時間で集中して仕事をこなすようになりました。タイムリミットを決めるというのは、効率アップの点で非常に大事です。そして、仕事が終わったら自分の時間なのでリラックスして好きなことをします。そうすることでメリハリのある毎日になりました。

今はいつも仕事に追われているとか、休みの日でも仕事のことが気になるといったことがなくなり、常にフレッシュな気持ちで仕事に向き合えています。仕事も趣味も没頭できるので、さらにメンタルが充実するようになりました。1日は同じ24時間なのに、その過ごし方で濃さがまったく変わってくることを、身をもって知ったのです。

自己規律ができたことで生活そのものが乱れなくなりました。運動嫌いの人や食べることでストレスを発散している人からすると、窮屈そうな毎日に見えるかと思います。自分には無理と思う人もいると思います。しかし、私は窮屈さなどいっさい感じていませんし、難しいことをしているつもりもないのです。むしろ身体を動かしているだけ、身体に良いものを食べたくて食べているだけで、３つの支配が手に入って得した気分になり、なんでもっと早くやらなかったのかと思っているくらいです。

そもそも規則正しいほうが体調もメンタルも気持ちが良いことが分かったので、自然と運動してしまうし食事も身体に良いものを選んでしまいます。そういう身体になったのです。

時々仕事が忙しいときなど、時間の支配ができていないなと感じることもありますが、すぐに立て直しができるので心配していません。原因は運動か食事のどちらかにあることが分かっていて、運動がしばらくできていなかったとか、仕事の付き合いで食べ過ぎが続いていたと気づけるからです。運動習慣や食事習慣を戻すことで、時間の支配も戻ってきます。

3つの支配を手に入れることは誰でもできる

私がやっている健康法は全然難しくありません。肉体の支配を手に入れるにはどうすればよいか、時間の支配を手に入れるにはどうすべきか、と考えなくても、運動をすれば自動的に3つの支配が手に入るからです。どんな運動でもよいので20〜30分やるだけです。例えば10分ほど走ろうと思ってシューズを履いている時点で、もう肉体の支配は手に入れたも同然です。ランニングはシューズを履くまでが億劫なだけで、履いてしまえば走ります。走れば肉体の支配が始まり、精神や時間の支配はそれについてきます。何も難しく考える必要などなく、走れば支配のスイッチが入るという、とてもシンプルで簡単な健康法です。

運動で効果が確認でき、心にも余裕が生まれてくれれば食事にも気をつければよいのです。運動＋食事で相乗効果が期待できます。

私が変わったのを見て、社員の一人が食事改善をやり始めました。彼は太り過ぎで運動するのが大変だったので食事からのスタートにしたのです。１日１食にして炭水化物をなるべく摂らない生活にしたところ、２カ月で10kg体重が落ちました。

何よりも驚いたのは、感情的になりやすかった性格がヒステリーをまったく起こさなくなったことです。自制の利かない感情の高ぶりは本人も疲れることだったようで、今は楽になったと言っていました。

そして、先日とうとうジムに入会して運動を始めました。痩せて身体が軽くなったことと気持ちがポジティブになったことで、自分からジムに行きたいと思うようになったのです。

彼の場合は食事によって精神の支配から手に入れ、それに肉体の支配がついてきました。ジムに通うことで今度は時間の支配がついてきます。

私自身は３つの支配を手に入れたことで怖いものがなくなりました。パイロットに過信は禁物ですが、いちばん輝いているのは自分だと自負することは大事です。自負ができないと厳しい業務や自己研鑽はやっていけません。

３つの支配を手に入れることで、心も身体も磨かれた本物の輝いている自分になれます。

筋肉トレーニングは成功体験を積みやすい

私が運動として筋トレを選んだのは、やればやるだけ身体が応えてくれるからです。ボディラインにメリハリができ、スタイルが良くなる、20kgのダンベルを上げるのが精いっぱいだったのが25kgが余裕になる、疲れにくくなり風邪を引きにくい、フットワークが軽く、駅の階段を苦もなく上れるようになる……などです。数値や見た目で変化が見える化されるので努力の成果が自覚でき、さらにモチベーションアップになるのです。

そうやって楽しく続けていくと、成功体験がどんどん積み重なっていきます。必然的に仕事のパフォーマンスも上がるので、さらに励みになるという上昇気流を自らつくりだすことができるのです。

水泳は地上のトレーニングより効率的

水泳を選んだ理由はいくつかあります。1つめは団体プレーが苦手で、サッカーなど道具を使うスポーツも苦手ということです。身体一つで自分だけでできるという点が気に入っています。

2つめは海上に不時着したときに泳いで逃げられるように、という意図からです。タイタニック号が北大西洋に沈んだとき、ほとんどの人は渦にのみ込まれて溺死しました。船や飛行機などの大きな物体が海に沈みそうな場合、1分以内に50mその物体から離れることができれば渦にのみ込まれないということを、パイロットになる前に勤務していた海上自衛隊で教わりました。そのため海上自衛隊では泳ぎの訓練をするのです。ちなみに私は50mを31秒で泳ぎます。

3つめは、水泳は肺活量や循環器系を効率的に鍛えることができるからです。機内の気圧の変化などの関係で、パイロットの肺や循環器系は強いに越したことはありません。水泳をするときは一気に空気を吸うので肺活量が上がり、心肺機能も強化されます。

また水泳は全身運動であり、筋トレにもなります。水中の消費カロリーは地上の2~3倍にもなるため、地上で1時間歩くのと水中で15分歩くのは同じカロリー消費なのです。着替えを含めても20~30分で済むので時間の節約になります。

自分の能力・限界を知ることの大切さ

普段身体が強い人ほど健康を当たり前のものと思って大事にしませんが、限界を超えると不具合が生じ、一つの病気から連鎖的にいろいろな病気が引き起こされてくるものです。身体は組織・器官全体でバランスを取りながら恒常性を保っているため、積み木崩しのように1カ所が崩れると全体のバランスがおかしくなってしまうためです。若いうちから自分の健康に意識を向けることは、10年先20年先の心と身体をつくるうえで大事なことです。

自分にとってのいつもの調子や限界を知っておくと、限界を超えて無理をすることがないので身体を壊しにくくなります。不調の予兆に気づいてメンテナンスも早めにできます。

自分はここまでならできると思えば自信をもって取り組めますし、もし自分の能力を超えると判断したときは誰かの助けを借りるなどの対策が取れます。

健康上のリスクを最小限にとどめることは自分自身にしかできません。いざとなれば医師や薬の力を借りればよいというのではなく、自分でできるリスク管理は自分でする、それがパイロットの使命です。

自分に合った健康法を見つけることが成功のポイント

一般的にパイロットの間ではフライト前には食事をしてエネルギー補給をしておくべきだ、1日3食摂るのが良い、といわれますが、それも人によっては正しいとは限りません。

食事を摂ったことでフライト中に眠気を感じたり、判断力が鈍ったりする人もいるからです。食後は血糖値が上がったあと、インスリン分泌によって下がりますが、血糖値が下がり過ぎるときに脳に供給されるブドウ糖が不足し、眠気やだるさを感じやすいのです。

少なくともフライトの直前は糖質を控えたほうがよいし、人によっては空腹のほうがよいかと思います。

１日３食でなくてよい、朝食は食べなくてもよいなどと言うと、パイロット業界からは批判が出そうですが、人によって身体のつくりは違うので１日３食が合っている人もいれば合わない人もいるのが実際のところです。大事なのは常識や情報に振り回されないで、自分に合った方法を見つけることです。

たった10分15分のウォーキングでも高い健康効果があることが医学的に分かっています。ただし、公園を散歩するとか買い物でスーパーを歩き回るとかの漫然とした歩きでは効果はあまり期待できません。歩行速度や姿勢などに気をつけて、正しい方法で歩けば短時間でも確実に身体が変わっていくのです。

興味のあるものをいろいろ試してみていちばんしっくりくるもの、納得のいくものだけを残していけば、自分にとってベストな健康法が出来上がります。

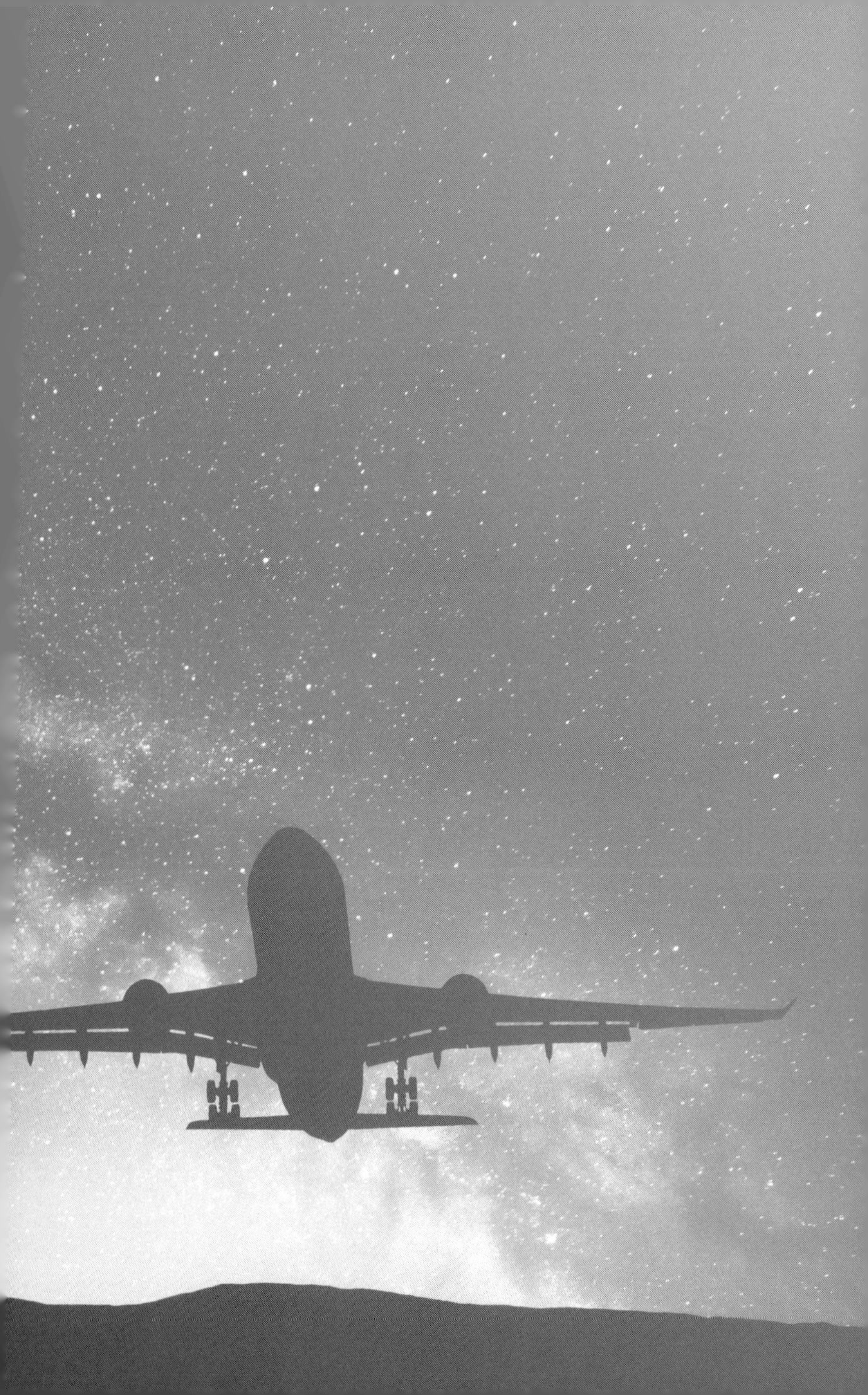

第5章

パイロットの使命に終わりはない

コックピットは生涯を捧げるにふさわしい場所

世界中でパイロット不足が深刻化　特に日本は危機的状況

今、航空会社のパイロットは世界中で不足しています。なぜパイロット不足が起きているかというと、1つはグローバリゼーションが進展するなかで、国境を越えた人の交流が行われるようになったことです。UNWTO（国連世界観光機関）の報告では、世界の海外旅行者数は2010年時点で9億4000万人だったものが2020年時点で14億人に拡大しました。さらに長期予測値では2030年に18億人になるとあります。

1つめはLCCの登場によって航空機の数が大幅に増えたのに対して、パイロットの養成が追いついていないことです。パイロット養成は費用も時間も掛かるため、簡単には増やせません。

●国際的なパイロット需要

どれくらいのパイロットが必要かというと、世界的には2030年に現在の2倍以上が必要です。アジア・太平洋地域では約4・5倍のパイロットが必要とされ、年間約9000人のパイロット不足が見込まれています。

【図４】世界のパイロット不足が深刻化

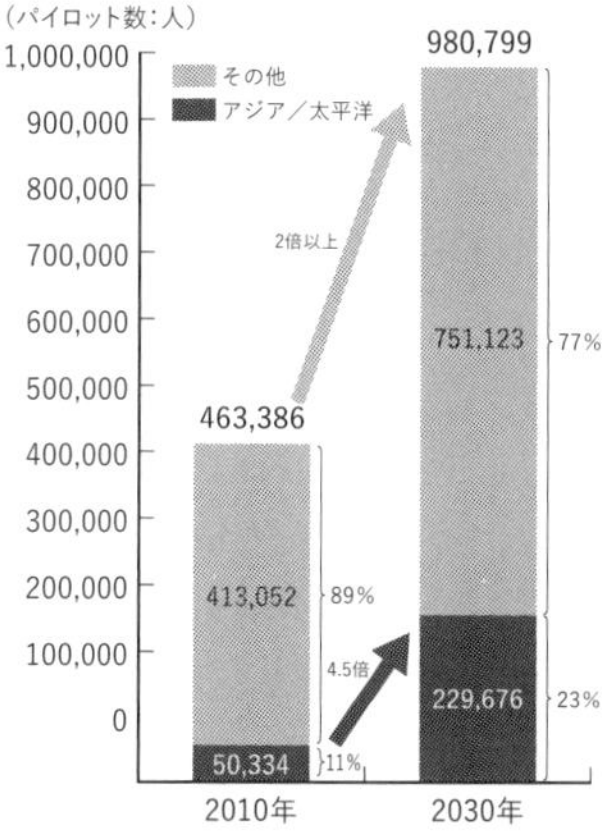

（人）

	世界	アジア／太平洋
2010年時点のパイロット数	463,386	50,334
2030年時点のパイロット数	980,799	229,676
パイロット必要養成数(年間)	52,506	13,983
パイロット供給可能数(年間)	44,360	4,935
パイロット需給バランス(年間)	△8,146	△9,048

※航空運送事業の用に供する航空機の数が約6.2万機（2010年）から約15.2万機（2030年）に増加するとの予測に基づき推計

出典：国土交通省航空局「我が国における乗員等に係る現状・課題」（平成25年11月18日）

●日本のパイロット不足「２０３０年問題」

日本国内では、パイロットの２０３０年問題が懸念されています。現在国内エアラインで活躍しているパイロットが２０３０年頃に大量に退職してしまう問題です。

図５（Ｐ１６８）を見ると分かりますが、現役パイロットの年齢分布は２０１３年時点で40代後半から50代前半に非常に大きな山があります。この人たちが15～20年後に定年退職の年を迎えるため、２０３０年以降の10年間で毎年２５０人規模の退役が生じると予測されるのです。しかも40代後半といえば、ほとんどが機長です。

実は、パイロットの大量退職問題は今から10年ほど前にも起きました。人口ボ

【図５】エアラインパイロットの年齢構成

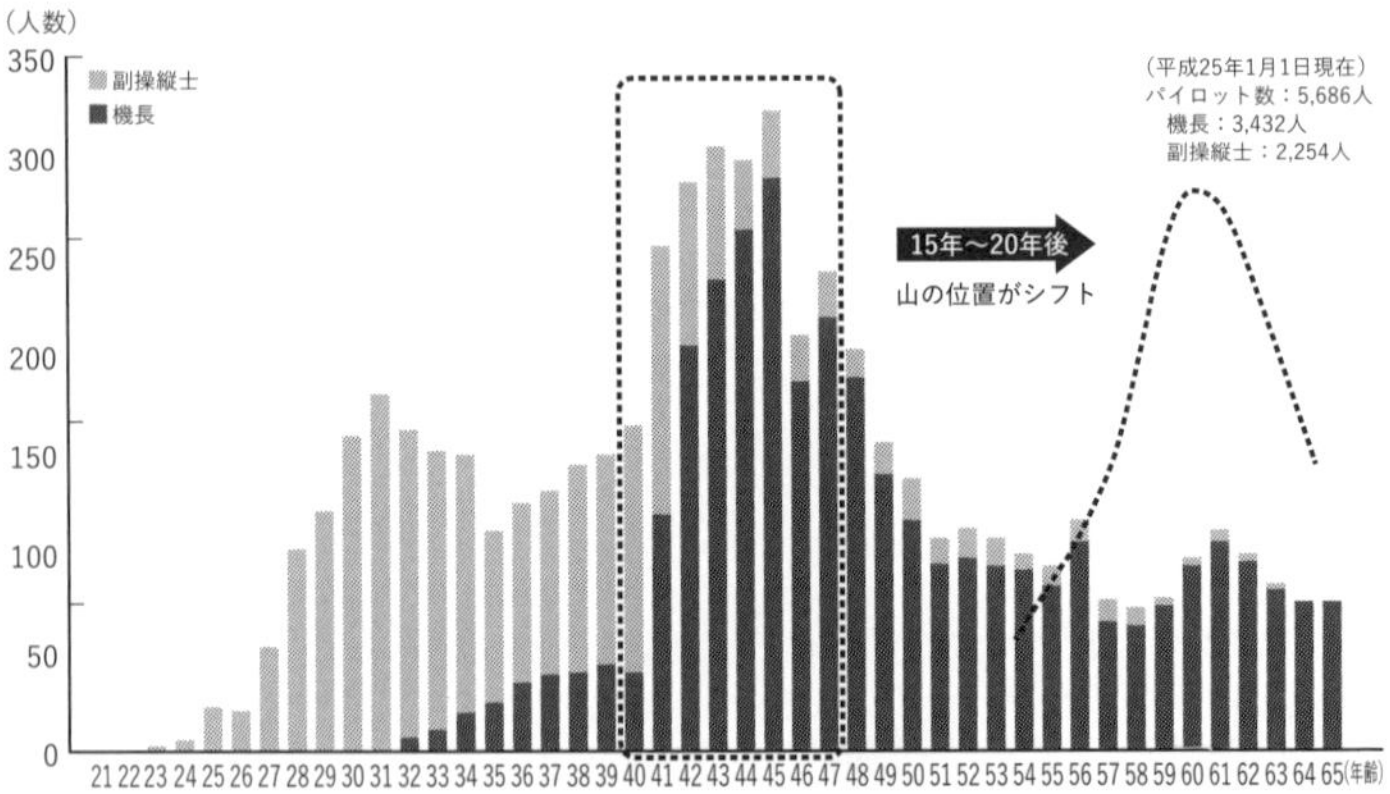

主要航空会社：JAL、JTA、JEX、JAC、ANA、AKX、AJX、NCA、SKY、ADO、SFJ、SNA、APJ、JJP、WAJ

出典：国土交通省航空局「我が国における乗員等に係る現状・課題」（平成25年11月18日）

リュームの大きな団塊の世代が退職を迎えたためです。そのときはパイロットの身体検査基準を緩和するとともに、定年を60歳から段階的に68歳まで延長することで、なんとかしのぐことができました。しかし、今回の２０３０年問題ではもうその手は使えず、有効な打開策が見えていません。

機長になれる優秀な人材を日本の航空業界に集めることが、待ったなしの課題となっているのです。

●日本のパイロット需要

日本ではどれくらいのパイロットが必要かというと、航空局のパイロット需要予測では、２０２２年時点で約６７００～

７３００人のパイロットが必要で、年間２００～３００人の新規採用が必要だとしています。

２０３０年頃になると退職者の大量発生により、年間４００人規模で新規パイロットの採用をしなければなりません。現在の新規パイロットの供給量からすると、そう簡単に新規パイロットを増やせないため、採用の目標を満たすのは困難だと思います。

●日本のパイロットの供給

現在、日本でパイロットがどれだけ輩出されているかを見てみると、次のとおりです。

・航空会社の自社養成で年間50人程度
・航空大学校は年間80人程度（定員１０８人で、これまでの航空大学校の就職実績が約8割）
・私立大学のパイロット養成コースは全体で年間80人程度
・民間のフライトスクールは過去の実績から年間20人程度

総合すると毎年２３０人程度の輩出が見込めるものの、需要予測には足りません。

2030年問題を前にパイロット争奪戦が起こるのは必至

実際に、パイロット不足によって飛行機が運行できないという事例が発生しています。東洋経済ONLINEの報道によると、2017年、北海道を拠点とするAIRDOが11月6～25日の間に、羽田―札幌線と札幌―仙台線の2路線で計17往復、34便を運休しました。

39人いたボーイング737型機の機長のうち2人が退職したことにより欠員が出てしまい、その補充ができなかったようです。記事では「大手航空会社に比べて規模が小さい航空会社とはいえ、たった2人の退職が正常な運航を妨げてしまうほど、パイロット不足は航空業界にとって課題になっている」と指摘しています。

このように現時点でさえ激しいパイロット争奪戦が、今後さらに激化することが予想されます。パイロットにとっては史上最大ともいえる売り手市場が到来することは間違いありません。

パイロット養成が急務と言うわりに旧態依然の航空業界

パイロットの増員、しかも機長クラスの養成が急務であると言いながら、一方で日本はパイロットになるための門戸は狭いままという矛盾を抱えています。金銭面や学力面が求められるほか、身長や年齢の制限があるなど、パイロットを目指す前から諦めさせるような仕組みになっています。

海外では門戸を広くして人を集め、世界レベルのパイロットを輩出しているので、一般から広く人材を集めることには何の問題もないと思うのですが、日本の航空業界は頑なに今の仕組みを変えようとしません。

なぜ門戸を開こうとしないのかについては、入学のハードルを下げるとパイロットのステータスが下がるのではないかと恐れている人たちがいるからではないかと私は思います。恐れている人たちというのは、今の業界が居心地が良いと感じている現役および退職済みのパイロットたちです。

日本では昔からパイロットを経済的に裕福で学歴もあり、難しい試験を乗り越えてきた特別なエリートとして崇める社会的風潮があります。今のままの業界であれば自分たちは世間から大切にされて快適でいられます。

しかし、経済的にも普通で学歴もそこそこの一般人たちが入ってきて活躍すると、頑張れば誰でもなれる職業となり、今までのステータスが損なわれてしまう恐れがあります。だから、一般の人には入ってきてほしくないという思いがあるように感じて仕方がありません。自分たちだけの花園によそ者は入ってくるなというわけです。

実際に私もパイロットになり、今のような仕事をしていると業界のことが見えてきますが、70代80代になってもいまだに影響力をもち、業界を牛耳っているような人たちがいます。つまり、その人たちが現役だった何十年も前の価値観や風習を、業界はいまだに踏襲しているということです。

パイロットになるために日本では経済力や身長、年齢などの条件が課せられますが、それらはパイロットを目指す本人にはどうすることもできないことです。努力で親の経済力は変えられないし、身長や年齢も本人の意思とは関係なくそうなります。学歴もいってみれば塾に通うには親の経済的サポートが必要ですから、純粋に本人の努力だけともいえないと思います。

パイロットになるのは本人なのに、本人の努力や実力とは違うところでふるいに掛けられるという不合理性、不健全さに、彼らは気がついていません。いや、気づこうとしない、気づいても気づかぬふりをしています。

アメリカやカナダのように、門戸を広くして本人の実力で審査するというほうが、ずっと健全です。私は日本もそうなるべきだと思って働き掛けもしていますが、なかなか業界を変えるというのは難しいことです。

近年は海外でライセンス取得する人が増えている

日本ではパイロットになるチャンスが与えられない人や、世界水準のパイロットになりたいという人たちは、最近は海外へ出るようになってきています。向こうの民間フライトスクールに留学しライセンス取得して、日本に帰って就職するケースやそのまま海外で就職するケースが増えてきました。いわゆるパイロット留学です。

海外ではやる気があるなら挑戦すべきだ、ものになるかどうかは訓練次第という考え方が主流です。パイロットになることもチャンスは平等に、その先は実力主義です。

海外でもパイロットは憧れの職業の一つですが、パイロットを養成する環境は日本とは比較にならないほど充実しています。例えばアメリカやカナダは広い国土のあちこちに空港があり、各空港にフライトスクールが設置されています。また航空専門の大学や専門学校も多くあります。どちらの国もライセンス取得の難易度は同じくらいで、ライセンスの互換性も高いので、どちらがオススメということはありません。ただ、ビザ取得のしやすさからカナダへの留学を希望する人が多くなっています。

養成所がたくさんあるということは新鮮な情報が常に回っているということです。誰でも簡単に情報にアクセスできるため、自分にどのスクールが最も合っているかを比較検討して、納得のうえで選ぶことができます。日本のように少ない席をみんなで奪い合うのと、豊富にある座席のなかから好きな席を選ぶのとでは、パイロットへのなりやすさが全然違うことはいうまでもありません。

パイロット留学で得られる3つのアドバンテージ

パイロット留学の費用はスクールごとに違いますが、1年半で800〜900万円程度が相場です。滞在費やそのほかの諸費用を含めても、総額は日本の民間スクールより安めに収まると思います。

それに加えて、①航空業界で必須の英語力が鍛えられる、②日本よりも短期間で免許取得ができる、③課題解決のスキルが上がるという、３つの大きなアドバンテージがあります。

●英会話スキルが鍛えられる

航空業界は国際法によって英語を公用語とすることが定められています。日本は国内法で英語もしくは母国語がＯＫとなっているので、日本語でのやり取りも可能であるのですが、やはり原則としては英語を使うことになります。英語スキルがたどたどしいと管制官の大事なアナウンスを聞き逃したり、こちらからのレスポンスに時間が掛かってしまったりします。乗客にも安心感のあるアナウンスができません。

日本の航空業界を飛び出して海外で働きたいと思ったときには、それこそ語学力が不可欠です。どんなに操縦技術が優れていても英語が弱いと、まずどの会社にも採用してもらえないと思います。

日々の訓練や日常会話で生きた英語が身につくという点で、海外留学は有利なのです。

●卒業までの期間が短縮できる

海外のほうがパイロット養成の環境やカリキュラムが整っているため、毎日実践的な訓練ができます。短い期間にギュッと訓練を集中的に行うことで期間が短縮できるのです。訓練期間中に搭乗する回数や飛行時間は日本と同程度ですが、日本では2〜3年掛かるところが、アメリカでは1年半というのが一般的です。早ければ日本の2倍速でライセンス取得ができるということです。

人間性の育成の面では、海外のフライトスクールには多国籍の訓練生たちが集まってくるので、多様性を学べるという点が日本にはないメリットです。日本と海外それぞれの良いところ・悪いところを学んで、良いところ取りができれば人間的な成長につながります。

●課題解決のスキルが上がる

日本とは違う環境に身をおき、人間関係を一からつくっていくことになるため、生活スキルやコミュニケーション能力が自ずと鍛えられます。日本では困ったら誰かが助けてくれますし、どこにSOSを出せばよいかが経験的に分かりますが、海外に行ってしまえば知り合いもいないし社会システムも違うので、自分で相談先や手続きの方法を調べなければなりません。食習慣が合わなければ、自分が食べられる店を探したり好きな食材を見つけて自炊をしたりすることが必要になります。脂っこいジャンクフードばかりでカロリー過多にならないように、バランスをコントロールしたり運動をコントロールしたりすることも大事になってきます。

それだけでも課題解決の経験値が上がっていきます。

なぜ職業パイロットではなくパイロット育成支援事業を始めたのか

私は日本のパイロット志望の人たちと、海外フライトスクールをつなぐ仕事をしています。パイロットになりたいという相談を受けて、どんなパイロットになりたいかヒアリングし、目的に合ったフライトスクールを紹介します。また留学や訓練がスムーズに行えるよう現地との調整をしたり、留学する人たちの生活や心理面のサポートをしたり、費用面の相談に乗ったりといった業務を専門にしています。

パイロット留学に関するセミナーを開いて、「パイロットとはどうあるべきか」や「海外での訓練をやりきるために」といったテーマで講演をするのも私の仕事です。

●高校卒業後、自衛隊パイロットを目指す

私は飛行機整備士でアマチュアパイロットでもあった父の背中を見て育ち、いつしかパイロットになるという夢を抱くようになりました。高校を卒業して自衛隊のパイロットになろうと考え、18歳で入隊試験を受けました。しかし、学科試験の成績は良かったものの健康診断で副鼻腔炎と誤診されてしまいました。

副鼻腔炎（蓄膿症）は鼻の奥にある副鼻腔という空洞に膿がたまり、頬や両眼の間の痛み、ひどい鼻づまり、嗅覚障害などが起きる病気です。機内は気圧の変化があるので、副鼻腔炎があるとフライト中に痛みなどの症状が出てしまう恐れがあり、パイロットには適さないとされています。

その規定に私は引っ掛かってしまい、航空自衛隊のパイロット養成には配属してもらえませんでした。

●海自の潜水士として活躍、そしてパイロット留学

まったく自覚症状がないのに変だなと思い、自分で探した耳鼻科に行き、精密検査をしてもらったところ結果的に誤診だったことが判明するのですが、時すでに遅く、自衛隊の人事に一度その診断が出てしまうと覆すことはできないと言われ、不本意な形で進路を断たれてしまいました。

子どもの頃からの夢を失い、人生の方向転換を余儀なくされて大ショックでしたが、私はここでくさってはいられない、人生は一度きりだと思い直し、海上自衛隊の潜水艦乗りになったのです。

海自では3年ほど働き、やりがいも感じていましたが、やはりパイロットへの情熱は消えませんでした。２００９年に海上自衛隊を退官し、アメリカに渡ってカリフォルニアのフライトスクールに留学し、念願のパイロットになることができたという経緯です。

●フライトスクールでの気づきからパイロットを考えた

私が留学したフライトスクールにはさまざまな訓練生がいました。センスも努力も申し分なく、難なくライセンス取得して卒業していく人がいる一方で、なかなか訓練が進まな

かったり、途中で退学したりする人もいます。また教官にも特別優秀な職人的パイロットがいたり、人として魅力的な教官や教え方がうまい教官などがいたりしました。

私はこのときに、パイロットの適性というのは学力だけではないということに改めて気づいたのです。

さらに、それを起点としてパイロットに必要な資質や、優秀なパイロットの共通点についても考えるようになり、一人ひとりを観察するようになりました。すると、脱落していく人は社会性が低いことや、一流のパイロットは自己管理が徹底していることなどが見えてきました。私は発見や分析をノートに書き込んで、自分なりのデータを集め、日本に帰国してからもサラリーマンをやりながらデータを蓄積していき、たどり着いたのが6つの資質です。

●パイロット養成の質の向上を目指して創業

この頃から自分は職業パイロットになるよりも、パイロット養成に向いているのではと思うようになりました。パイロットになっても辞めていく人が2〜3割もいたり、世界に通用するパイロットが日本には少なかったりという事実に危機感をもち、解決できないかと考えるようになったのです。

２０１７年から個人事業としてフライトスクールの紹介を始め、２０１８年に31歳で再び渡米し、旧知の教官と再会したことで起業を決意しました。教官の話からフライトスクール側も安定した質の高い顧客を求めているということに気づいたことが、一念発起した理由です。６つの資質をもった顧客を送り出せばフライトスクール側の要望に応えられ、ビジネスとしてやっていけるとの確信がありました。

サラリーマンをしていた会社を辞職し、さまざまな準備を整えて２０２０年11月、今の会社を創業しました。

パイロットとして働いたことは1秒もないだからこそ言えることがある

私の経歴のなかで実は職業パイロットとして働いた経験は一度もありません。パイロットとは違う立場として航空会社で働き、パイロットとは違う視点をもって業界の内側を経験してきました。

パイロットとして働いたこともない人が、偉そうに何を言っているのかと思う人もいるかと思います。そういう声があることはよく知っています。これまでにも何度もそういう意見をもらいました。

しかし、私はあえてパイロットを育成する側として航空業界にいたいのです。なぜならパイロットとして働いていたら気づかないことや、圧力で言えないこともあるからです。どの世界でも自分が常識だと思っていたことが、社会の常識ではないということが多々あります。しかし、本人にはなかなか気づけないものです。自分の常識が違うのではないかと疑ってみる意識がなければ、そもそも外側を見ようとしないし、比較することもできません。

だからこそ、あなたの常識はほかとは違う、もっと外に目を向けてみるべきだ、と私は外側から刺激を与えます。それを伝えられるのが私の役目だとも思っています。

日本の航空業界自体がまさに井の中の蛙になっています。私が外から刺激を与え続けることで、井の中から出てきてくれることを切望します。

パイロット育成の質を高めるためのインフラ開発

私の会社では今後、航空アプリケーション開発、航空システム開発にも力を入れていきます。簡単にいうと、世界中のフライトスクールを一つのインフラで結び、効率良くパイロット養成ができるようにする仕組みをつくっているのです。例えば自分の訓練カリキュラムやフライトログの管理がスマホでできるアプリなどです。

フライトスクールではいまだにフライトログを紙に記入して、それを航空局に提出しています。今のデジタル時代に信じられませんが本当です。

そこで専用アプリを作ってデジタルのフライトログに記録できるようにしようと考えました。教官もスマホから評価やコメントを書き込めるようにすれば、教官室まで行って紙のやり取りをする必要もありません。航空局にもデジタルで送信できます。

就職のときには会社に航空経歴書（フライト時間や受けた訓練の項目などを記載）を提出するのですが、これもアプリで提出できればと考えています。

フライトスクール向けには訓練生の管理システムを開発しようとしています。一人ひとりの訓練生について、カリキュラムの進捗具合や訓練費の残額などを管理し、進捗に遅れがないかや採算が合っているかを、画面をパッと見ただけで分かるようにするのです。

フライトスクールによっては簡易的なシステムを独自で組み立てて使っているところはあるのですが、私は全スクールに共通のシステムにしたいのです。そうすればスクール間や航空会社などとの連携がスムーズになります。

このシステムの本当の狙いは、各スクールがちゃんと訓練を行っているかをチェックできることです。どんな訓練をどの教官がいつ行い、どんな成果が出たのかといった情報が公開されるので、質の良いスクールなのかそうでないのかが分かります。

質の良いスクールには認定証を発行し、第三者が優良校を判別できるようにする予定です。そうすれば訓練希望者は認定マークのあるスクールを選ぶことができ、航空会社はその卒業生をスカウトするなどができると思います。質の悪いスクールは市場競争のなかで淘汰されていくので、業界全体のレベルアップが期待できるというわけです。

アプリやシステムの試作はすでに始めており、完成もそう遠い話ではありません。これを全国・全世界に販売し導入できれば、パイロット育成の未来が大きく変わります。

行動して初めてパイロットへの道は拓ける

先日パイロットを目指す学生に向けたテレビ番組の取材で、パイロットには人生経験が必要だという話になり、インタビュアーからどうすれば若い人たちは経験が積めるかという問いを受けました。私は行動あるのみ、と答えました。

パイロットを目指す人たちは真面目でよく勉強します。例えば、何かを始めるときは失敗をしないように十分に準備をしてから取り掛かり、効率良く最短ルートで目的地まで行けるよう自分なりに考える力をもっているのです。いきあたりばったりでテストを受けるようなことはしません。そういう習慣がついているのです。

そのためパイロットになる近道はあるのか、何をやればパイロットになれるのかとまず頭で考えてしまいがちです。いろいろな情報を集めてシミュレーションしてみて、学力が不安、英語が苦手、経済的に厳しい、などの言い訳をして諦めてしまう人が多いのです。

頭で考えることも大事ですが、行動しないことには何も始まりません。成功も失敗も行動した結果として得られるもので、まずは行動が大事です。行動してみて目標に到達できなければ、別の行動をすればよいだけのことです。

最初からうまくいくはずがない、厳しい道のりだから困難もある、と失敗を前提にしておけば、失敗してもがっかりすることはなく、次はどの手で行くかと前に進むことを考えられます。

時には勢いで進むことも必要です。日本人は慎重なので万全な準備をしたがりますが、そうすると、パイロットの試験を教官に強制されるまで受けられなかったAさんのようになってしまいます。

鉄は熱いうちに打てということわざがあるように、物事には今やるべきタイミングというのがあります。何もかも計画を立てて準備をして……としていると熱が冷めたり、考え過ぎて臆病になったりして、動けなくなってしまうので気をつけたいものです。

ここぞというタイミングを逃さないようにしてほしいと願います。好機は逃すと二度と訪れないことも多いのです。

社会のために自分に何ができるかを考える

パイロットになるという目標を達成したあと、新たな目標がない人はどうしてもモチベーションが下がりやすいですが、新たな目標をどう立てるかというのは結構難しい問題のように思います。

確かにフライト1万時間は一つの目標になりますが、それはあくまで個人的な目標です。趣味の範囲でもコツコツと乗り続けていれば、いずれは達成できるはずです。仕事としてパイロットを続けていくには、フライト時間とは別に職業人としての目標が必要です。端的にいえばパイロットとしてどうなっていきたいかを考えるのです。

職業人としての目標を立てるときに大事なのは、社会の一員として自分に何ができるかという視点です。自分だけのためではなく、人のため社会のために何ができるかと考えていくと、人生で大切にしたいテーマが見えてくるはずです。

私も何百冊もの本を読むなかで学んだことですが、あらゆる本に社会性という言葉が出てきます。ある人は、事業を行ううえで社会性が大事だと説いています。世の中の役に立つビジネスかどうか、自社の存在意義とは何かを追求することが良いビジネスにする秘訣だと言っています。

別の人は、社会性とは人間力だと説いています。人から愛される存在になることが、社会で生きていくうえで大事だというのです。愛され方はさまざまで、尊敬される、愛嬌がある、人に優しいなど、どれを追求するかはその人の生き方だと言っています。

このように見ていくと、社会性というのは定義が広く、いろいろな側面があることが分かってきます。答えは一つではないのかもしれないし、人によってまったく別の答えがあるかと思います。では、私にとっての社会性とは何かという疑問が生まれてきます。

社会性とは何なのかという問題意識をもって物事を見ていくと、日常生活そのものが社会性だと感じてきます。私たちは人とのつながりのなかで生きていて、人から与えられ、自分もまた人に与えながらというギブアンドテイクで世の中は回っていきます。つまり、あなたも社会に対して何かを与えることが求められています。

あなたはパイロットとして何を社会に与えますかという問いに対して深く考えることが必要です。

それを考えることは、自分自身のパイロットとしての使命を見つけることにほかなりません。本書は『コックピットの使命』というタイトルですが、使命は誰かが決めるものではなく、あなた自身で決めるものなのです。

パイロットとして自分は何を果たすのか。パイロットとして笑顔にしたい人は誰なのか。パイロットになることで自分はどうなっていくのか。そういった自問自答をしながら日々を暮らしていけたら、きっと良いパイロットになれるはずです。

次の世代を育て、業界を良くしていくために

パイロット不足が深刻化している問題を解決するには世界に通用するパイロットを育てることと、業界を変えていくことが必要だと私は考えています。いい換えれば、前者はパイロット志望の人たちのマインドを育てること、後者は業界の人たちのマインドを変えることになります。

フライトスクールではどうしても技術や知識を教えることがメインになってしまい、パイロットとは何たるか、どうあるべきかという使命やビジョンの話はあまり教えません。しかし、長くパイロットを続けていくためには、その本質の部分がとても重要なので、私が訓練生たちに伝える活動をしています。また本当は適性があるのに、無理だろうと思って諦めている人に、諦める必要はない、本当はなれるとも伝えたいと思います。

後者については、日本の航空業界がいかに閉鎖的で古い社会であるかを自覚させ、世界

ではどういうシステムで養成しているかを情報提供していくことが大事だと思っています。今、航空業界に新しい空気を入れないと、本当に日本はガラパゴス化して世界においていかれます。優秀なパイロットは海外に流れてしまうと思います。そうなってしまってから気づいても遅いということを積極的に伝えていかねばなりません。

業界の人たちに聞く耳をもってもらうためには、まず質の高いパイロットを輩出している実績をつくり、私の会社の認知度を上げることが先決です。そのために近い将来、国内トップシェアのパイロット養成支援会社となります。ＩＰＯを果たして、業界で誰もが知る会社になります。

まだまだ活動はこれからですが、日本の、そして世界のパイロット業界の未来が明るくなるように、私の信念と情熱をそそいでいく覚悟です。

6つの資質は夢をつかむためのパスポート

今でこそパイロットに必要な6つの資質について説いている私も、訓練生時代からこれらの資質が備わっていたわけでは決してありません。どちらかといえば、自由奔放な生き方をしてきたほうだと思います。しかし、自分の行動は正しいと信じることだけは、変わらない信念としてずっと大事にしてきました。

これは結果として間違っていたとしても、自らの行動に自信がない人は何もつかむことはできない、良いも悪いも行動しないと結果は見えない、という強い思いが関係しています。

私が操縦訓練をしているときに、私より優秀な人はもちろんたくさんいましたが、総合的に考えて私を抜く人は今までもこれからも現れないと本気で思っています。

こういうことを言うと井の中の蛙だと言う人もいますが、こうした批判は詭弁に過ぎないとまで思っています。なぜならそうした批判を口にする人自身が「極める」という行動力が根本的に欠けているからです。

誰でも自分に足りないことやできないことはたくさんあります。しかし、そんなことばかり考えていると先には進めません。自分が今できることを精いっぱい行動することが成功への近道であり、小さな成功体験を積み重ねるための大事な一歩になるのです。

私はほかの訓練生より早く操縦免許を取得できましたし、クロスカントリーでもさまざまな地域へ飛行し、経験を積んできました。効率良く訓練を進めるため身体錬成の一貫としてジムに通い、身体能力の強化にも努めました。つまり、最も大切なことは自分を信じてとにかく挑戦することにあるのです。

とある航空会社の取締役に、これからどんなパイロットが必要と思うか聞いたことがあります。彼は、操縦技術は航空技術の発展でいかようにでもカバーできるが、パイロットの本質にあるべき社会性や人間力はカバーできない、と間髪入れずに答えました。これからのパイロットに求められるものは技術だけでなく、そういった本質的な資質がこれから採用、育成に関係してくるということだと思います。

私のようにパイロットとしての人生を歩まずとも、新たな夢を見つけて楽しく生きていける人はそれでよいかもしれませんが、夢を諦めきれない人はたくさんいるはずです。私がパイロットとして必要だと考えるこうした資質は、今から始めても決して遅くはありません。

空は広く高く、地球は大きいです。そして、パイロットはどこまでも成長していけるすばらしい仕事です。ほかの人が行けない高みへと羽ばたいていけるかは自分次第です。

６つの資質はパイロットへの関門をくぐるパスポートだと考えて、心に留めてもらえたらうれしいです。パイロットという崇高な目標に向かって力強く進んでいく、あなたを応援しています。

おわりに

私がいつもパイロット志望者を集めた説明会で話すことがあります。

パイロット（ＰＩＬＯＴ）という言葉は、オランダ語のＰＩＪＬＯＯＴに由来するといわれています。ＰＩＪＬ（棒）とＬＯＯＴ（測深鉛）を合成した言葉で、「水路を測深して船を進める者」という意味です。だからパイロットという単語には「水先案内人、先駆者、指導者」といった意味合いがあるのです。

日本ではエアラインのパイロットが人気で、小型機のパイロットになりたいと言って入校してくる人は少ないのですが、どちらも使命感が必要で、立派な仕事であることに変わりはありません。コックピットに入って操縦桿《かん》を握れば、飛行機の大きい小さいに関係なくパイロットなのです。ですから、どんな場面でどんな機種を操縦するにしても責任感や使命感を忘れてはなりません。もっといえば、個人的な趣味の範囲でのフライトであっても、誇りと緊張感を常にもつべきです。

私はパイロットとして働いたことは１秒たりともありませんが、そんな私でも訓練のなかでさまざまな地域を飛び、すばらしい光景を目にしてきました。だからこそ私と同じように、パイロットを目指し、その道で生きていくのであれば、私が見てきた光景よりもっとすばらしい世界を見ることができるはずです。

パイロットというのはライセンスを取得することがゴールではなく、取得してからが本当のスタートです。人を導き、夢と希望を与える仕事ですが、同時にどんな場面でも責任感と使命感を忘れてはいけない仕事でもあります。時には投げ出したくなることや、つまずくこともあるはずです。夢をかなえたあとも、操縦桿《かん》を握ったその日から絶え間ない緊張感に追われることもあるかと思います。しかし、いつも大切なのは、そんな逆境に負けず一歩踏み出す力です。何か一つでもできることから始め、常に広い視野と目的意識をもちながら進んでいけば必ず道は拓けます。

「飛行機への深い興味関心」「社会性」「適応能力」「判断力・決断力」「広い視野」「健康」の6つの資質を兼ね備えたパイロットを世界中に送り出すために、私自身も努力を惜しみません。

日本はおろか、世界でも私たちのような理念を掲げているフライトスクールはまだ見たことがありませんが、「世界に通用するパイロット育成」を達成すべく、これからも妥協することなく邁進していきます。それがひいては航空業界にさらなる発展をもたらすに違いないと信じて、この本を書きました。私のメッセージを受け取ってくれた読者が一人でもいれば、こんなにうれしいことはありません。

世界中にパイロット養成機関があり、パイロットを必要とする職場があります。日本にこだわらず広い視野で世界を見渡し、チャンスをつかみ取ってほしいと願ってやみません。世界の航空業界が、世界の空が、あなたの活躍を待っているのです。

さあ、世界に目を向け、翼を広げて高く飛び立て！

谷口一貴

2023年5月

谷口一貴（たにぐち・かずき）

1987年7月10日生まれ。鹿児島県出身。

父が小型機の整備士だったため飛行機は幼少期から身近にあり、自然と「パイロットになりたい」と思うようになった。高校卒業後、海上自衛隊に入隊し潜水艦乗組員として勤務。パイロットを志望し最終選考まで残るが、副鼻腔炎と誤診され断念せざるを得なかった。22歳で自衛隊を辞めて単身渡米、語学留学をしながらパイロット免許を取得。帰国後職を転々としたのち、31歳で再び渡米、旧知の教官と再会したことで一念発起し起業を決意する。2017年から Randy Works.Co という屋号でフライトスクールの紹介を行っていたが、「フライトスクール側も安定した質の高い顧客を求めている」ということに気づき、2020年11月、株式会社 FLIGHT TIME を創業。「世界に通用するパイロット育成」を理念に掲げ、資金面でのアドバイスや効率の良い訓練カリキュラムの提供はもちろん、社会性や人間力を重視する将来の働き方を見据えた緊密な支援を行っている。

本書についての
ご意見・ご感想はコチラ

コックピットの使命
世界で活躍するパイロットを目指す君へ

2023年5月12日　第1刷発行

著　者　　谷口一貴
発行人　　久保田貴幸

発行元　　株式会社 幻冬舎メディアコンサルティング
〒151-0051　東京都渋谷区千駄ヶ谷4-9-7
電話　03-5411-6440（編集）

発売元　　株式会社 幻冬舎
〒151-0051　東京都渋谷区千駄ヶ谷4-9-7
電話　03-5411-6222（営業）

印刷・製本　中央精版印刷株式会社
装　丁　　弓田和則

検印廃止

Printed in Japan
ISBN 978-4-344-94488-6 C0095
幻冬舎メディアコンサルティングＨＰ
https://www.gentosha-mc.com/